受益一生的心理学效应

Benefit from the psychological effects of life

墨羽◎著

中国商业出版社

图书在版编目（CIP）数据

受益一生的心理学效应 / 墨羽著 . -- 北京 : 中国商业出版社, 2018.12

ISBN 978-7-5208-0101-0

Ⅰ . ①受… Ⅱ . ①墨… Ⅲ . ①心理学—通俗读物 Ⅳ. ①B84-49

中国版本图书馆 CIP 数据核字 (2018) 第 058384 号

责任编辑：姜丽君

中国商业出版社出版发行

（100053 北京广安门内报国寺1 号）

010-63180647 www.c-cbook.com

新华书店经销

三河市三佳印刷装订有限公司印刷

*

710×1000毫米　1/16开　16印张　250 千字

2019年4月第1版　2019年4月第1次印刷

定价：39.80元

* * * *

（如有印装质量问题可更换）

| 序言 |

在淘宝上选购商品时，你是否会“不假思索”地选择哪些有更多消费者购买的商品呢？你确定这样的选择完全处于自己的独立判断吗？

又到了衣服换季的时候，在选购新衣物时，你是否会在“不知不觉”中，选择“流行款”“网红款”“明星款”或者“网络爆款”呢？

公司集体会议上，领导提出了一项新举措，并就此征求全体员工的意见，看着大家纷纷举手表示赞成，内心持反对意见的你，会不会迫于集体压力而同样举起手？

下午被领导批评了，憋一肚子火，下班回到家看到孩子居然没写作业就在玩游戏，这时，你是否会忍不住气急败坏地训斥孩子一顿呢？

老同学 X 现在住着别墅，开着豪车，家里请着保姆，还时不时飞去国外度假，再看看自己，每天辛辛苦苦上班，一边还着房贷，一边还要照顾一家老小，人和人的差距怎么就这么大呢？真是嫉妒、怨恨、不平衡。

喜出望外，老板突然发了一笔不菲的奖金，明明知道要理智地将这笔奖金存起来，等以后买房的时候用，可是一想到自己早就想买的化妆品和美食，你是否能禁得住马上把钱花掉的诱惑呢？

我特别喜欢吃川菜，川菜这么好吃，肯定绝大部分人都爱吃，客户VV应该也爱吃，为了拿到这个客户的订单，专门定了一家不错的川菜馆请VV吃饭，可奇怪的是期间VV没怎么动筷子，也没吃几口，这么好吃的川菜，VV为什么不爱吃呢？你是否会犯这类“以己度人”的错误呢？

…………

相信，上述这些场景，每一个人都非常熟悉，我们看似一直在“独立”地做出决定，但实际上果真如此吗？

在心理学家的眼中，世界上的每一个人都是一个“提线木偶”，都在不知不觉中受到“社会心理学效应”的操控。生活在社会和群体当中，这就注定我们的思想、感情和行为，都会受到他人和群体的制约和影响。

毫不夸张地说，这种制约和影响无处不在。当我们处于悲伤的丧礼场景中时，再开朗乐观的人，也会在环境和他人情绪的感染下，呈现出情绪低落而肃穆的状态；当我们处于热闹的街头时，即便是再孤僻的人，也不会感觉到孤单；当我们对他人产生好感时，对方往往也对我们抱有善意……

心理学效应对人的行为的影响有好也有坏。

好的方面。比如，豁达效应能让我们更豁达地面对挫折，懂得退让；最后的通牒效应能帮助我们提高做事效率，强化执行力；空杯效应提醒我们满招损、谦受益，学会保持归零心态；淬火效应告诉我们百炼才能成钢，要勇于面对挫折和挑战，主动去淬炼自己……

坏的方面。比如，从众效应往往会让我们“随大流”，人云亦云，变得缺乏独立主见；对比效应则会令我们陷入“攀比”“嫉妒”“失衡”的糟糕心理状态；水煮青蛙效应会让我们在不知不觉中习惯安逸，以至最后失去了对危险的警觉……

在这些数量繁多的“心理学效应”影响下，你想知道自己的行为都受到了哪些影响吗？你想规避“心理学效应”给自己带来的负面影响吗？你想借助“心理学效应”的正面影响不断提升自己吗？

只有准确揪出行为背后那只看不见的操控之手，我们才能找到矫正自身行为、修正自身决策的正确方式。这就要求我们必须懂得什么是心理学效应，不同的心理学效应会有怎样的规律和作用，又是如何影响人们的判断和认知的。

然而令人遗憾的是，现实生活中的绝大部分人都没有心理学背景，即便是对常见的心理学效应，也缺乏全面、客观、整体的认识，这也正是我们编写这本书的初衷。

本书从自我认知、态度、社交、自控、情绪、职场、成功、管理、决策和人生十个方面，收集了100个常见的心理学效应，这些“心理学效应”对我们的影响有好有坏，在文中结合生活、工作等都进行了非常详细、具体的论述。

阅读这本书，不仅能学到关于社会心理的知识，还有助于增强我们的“察觉力”，帮助我们找出行为背后的那只看不见的手，从而更客观、更独立地去决策和判断。

目录

第一章　心理照妖镜：准确认知你自己/001

你真的了解自己吗？为什么你眼中的自己与他人眼中的自己，往往是有差异的呢？其实，很多时候我们都在不知不觉中被“心理效应”影响。比如：戴着“有色眼镜”评判他人，自己爱吃蛋糕也认为他人也爱吃……

第二章　人性向日葵：乐观的人更容易成功/027

同样半杯水，有些人会欢呼雀跃，而有些人则会唉声叹气。你是一个乐观主义者，还是一个悲观主义者呢？

第三章　缺点吸铁石：不完美才有好人缘/053

有意思的是，那些完美无缺的人在社交场上往往并不受欢迎，大家对他们往往远而敬之；相反那些有小缺点、小缺陷的人更容易赢得好感。

管理也要有技巧，讲方法，喋喋不休的批评不仅不会起到正面效果，还会造成负面影响，你确定自己真的懂管理吗？

人生处处充满了选择：从事什么职业、是不是要换工作、要不要结婚、想不想出国……关键之处，走错一步，满盘皆输，所以，我们很需要心理指南针帮我们导航。

“人生得意须尽欢”，正如大诗人李白所说，人生短暂，要尽享欢愉。可是繁重的工作、内心的压力、世俗的纷扰，究竟怎样才能让自己轻松起来呢？

第一章

心理照妖镜：准确认知你自己

你真的了解自己吗？为什么你眼中的自己与他人眼中的自己，往往是有差异的呢？其实，很多时候我们都在不知不觉中被“心理效应”影响。比如：戴着“有色眼镜”评判他人，自己爱吃蛋糕也认为他人也爱吃……

首因效应：别戴着有色眼镜看人

首因效应也叫优先效应、第一印象效应，是指交际双方形成的第一印象对以后的交往会有很大的影响。当然，这些第一印象并不是完全正确的，但却是最直接、最鲜明，也最牢固的。和我们常说的“先入为主”是一个意思。也就是说，如果一个人在最初的交际中给人留下了良好的印象，那么人们就愿意和他亲近，愿意和他交往，也非常有助于彼此了解，而这种内心的喜欢会对以后的一系列交往行为和心态产生积极的影响。相反，如果一开始就给他人留下不好的印象，势必会引起他人的反感，即便双方因为一些原因不得不进行接触，但表现出来的肯定不会是热情，而且很可能会和对方产生对抗心理。

首因效应之所以会对人们的交际产生如此大的影响，是因为最初接收到的信息形成的印象，会成为对对方认识的核心。以后获得的信息都会融入到最初的信息中，这是一种同化模式。也就是后输入的信息都被同化到了最初输入的信息所形成的记忆结构中，只是在先前的印象上的补充，也就具有了最初属性的印迹。

基于首因效应，在人际交往过程中，很多人为了打开交际的通道，通常很注意塑造第一印象。在仪容仪表、言谈举止上都很注意，以期望给对方留下一个好的印象，从而为以后的交际铺平道路。

我们注意给对方留下一个好的印象并没有错，因为没有谁愿意把自己不好的一面展现出来。但是在人际交往中，我们切忌不要过分相信首因效应，因为并不是所有的第一印象都是正确的，切忌戴着有色眼镜看人。

曾经有心理学家做过这样一个实验：

实验者把被测试的人分成两组，让他们看同一张照片。然后，他对甲组人说，这是一名屡教不改的惯犯；对乙组人说，这是一位学识渊博的科学家。然后让这两组人分析一下照片中的人的性格。

结果，甲组人说：深陷的眼窝表明这个人用心险恶、狡猾、凶狠，凸起的额头和皱纹说明这个人有着死不悔改的性格；乙组人则说：深沉的目光表明这个人有着深邃的思想，高耸的额头和皱纹显示出他有着探索真理的顽强精神。

对于同一张照片，两组人给出了截然相反的意见，这就是首因效应的效果。很多时候，我们太过于相信自己最初的认识，最后却发现完全是误会。

曾经在一部电视剧中看到这样一个情节：

一位单亲妈妈应聘到一家房地产公司做销售，她工作很努力，也很认真，对待每一位顾客都很热情。

这天，售楼部来了两位农民夫妇，他们是开着拖拉机来的。这对夫妇走进售楼部之后，其他销售人员看了看，觉得他们是农民，而且穿着也不像是有钱人，于是纷纷转过头，假装忙其他事情，把这对老夫妻晾在一边。

这个时候，这位单亲妈妈看到了想要咨询的这对老夫妻，连忙迎了上来，问他们有什么需要帮忙的。通过简单的交流，这位单亲妈妈了解到，这对老夫妻的儿子要结婚了，他们想在城里给儿子买一套婚房。和儿子及未来儿媳商量之后，他们决定买一套大房子，这样一家人就都能住进去了。

了解了老夫妇的要求之后，这位单亲妈妈给老夫妇拿来房产资料，并给他们进行了详细的介绍。在老夫妇选中了房子之后，单亲妈妈又带着他们参观了房子，给他们讲解了房子的优势，以及存在的问题。最后，老夫妇不仅给儿子买下了满意的婚房，还打算在这个小区再买一套房子，做自己的养老房。

看着单亲妈妈带着老夫妇办手续，当时看不起老夫妇的几个销售人员懊悔不已。但是让他们后悔的还不止这些，没过几天，又有几名穿着朴素的农民来到售楼部，点名找单亲妈妈买房，原来他们都是之前的那对老夫妇介绍来的。因为老夫妇觉得单亲妈妈很尊敬他们，所以把想要买房子的朋友都介绍了过来。

大多数人都是感性而敏感的，别人的一个眼神都会让他们内心生出极大的变化。而我们又很容易被第一印象左右，难免会对第一印象不理想的人，生出厌恶的表情。如果我们的负面情绪被对方感知，那么对两个人接下来的交往将十分不利。所以，在人际交往中，我们既要注重首因效应，又要避免戴着有色眼镜看人，以免错失好人。

权威效应：权威不一定是对的

权威效应也叫权威暗示效应，指的是那些地位高、有威信，受人敬重的人，他们的话容易引起人们的重视，大家也都愿意相信他们的话的正确性，也就是我们常说的："人微言轻，人贵言重。"

权威效应在社会上具有普遍性，人们之所以会迷信权威，一方面是出于"安全心理"，人们普遍认为，权威人物的言论更正确，跟随他们就不会犯错，如此就能增加安全感；另一方面，人们都有渴望被赞许的心理，跟随权威人物就会和社会规范相一致，就不会出错，如此一来，就比较容易得到其他人的赞许。

国外的心理学家曾做过这样的实验：

学校的心理学教授，在给心理系的学生上课的时候，请来一位德语老师，教授告诉学生，这位德语老师是德国著名的化学家。实验中，这位德国来的著名“化学家”煞有介事地拿出了一个装有蒸馏水的容器，然后告诉学生，容器里装的是一种新物质，是他最近发现的。他介绍这种新物质无色，但是有轻微的气味。然后他请在座的学生闻了闻容器中的蒸馏水，并请闻到气味的学生举手，结果多数学生都举起了手。

蒸馏水原本没有气味，但是在这位“权威人士”的暗示下，很多学生就闻到了“气味”。这些学生之所以会闻到气味，是因为他们相信权威人士是正确的，跟随权威人士不会出错，而且附和权威人士会让自己更安全，也更容易得到其他同学的认可。

像这种迷信权威的现象，日常中比比皆是。当然，我们不否认权威人士多是行业内的精英，他们的言论更具有可信性。但是过度迷信权威人士，习惯性听从权威人士，则不利于个人思想的解放，也不利于个人的成长，严重的还会阻碍社会的进步。

其实我们要具有批判的精神，这是培养自由精神的基础，也是一个人成长的基础。那些有批判精神、质疑精神的人，不会盲从他人，而且他们不会迷信权威，他们敢于质疑权威，这样的人才更能接近真理、真相。

当然，如果是正确的、合理的，我们确实应该服从，如果不服从，必要的管理就无法进行。不过权威的话未必全都正确，因为权威也是人，也会犯错，也会做出错误的判断。如果我们盲目跟随权威，习惯听从权威，就会丧失独立思考的能力，一旦权威不在了，我们就会茫然不知所措。

尼采在《查拉图斯特拉如是说》中有这样一段话：查拉图斯特拉要远行，他对追随自己的人和信徒们说道：“你们忠心地追随着我，数十年如一日。我的学说你们已经烂熟于心，并能出口成诵了。但是你们为什么不扯碎我头上的花冠呢？为什么不以追随我为耻呢？为什么不骂我是个骗子呢？当你们敢于扯碎我头上的花冠，以追随我为耻，敢于骂我是骗子的时候，你们才真正地掌握了我的学说。”

这段话说明，我们在做事的时候要有独立思考的能力，要敢于质疑权威，不盲从权威，要能够辨别真伪，如此我们才能掌握真正的知识。

伽利略是意大利著名的物理学家和天文学家，也是近代实验科学的奠基者之一，他就是一个敢于质疑权威的人。11 世纪初，亚里士多德的学说在欧洲占据了统治地位，凡是与亚里士多德的学说不一致的，都被视为“异端学说”。但是伽利略却不迷信亚里士多德的学说，敢于提出自己的质疑。最著名的就是自由落体运动。亚里士多德认为，物体降落的时候，速度的快慢取决于物体的重量，物体越重，下降的速度越快，反之，则越慢。

但是伽利略在经过长期的观察和研究之后，发现物体降落的速度与重量无关，而是与时间成正比。后来就有了伽利略在比萨斜塔上实验的传说，不过这个传说的真实性有待考证。后来，1971 年 8 月 2 日，阿波罗 15 号的宇航员大卫·斯科特在没有空气的月球表面，用一个锤子和一根羽毛进行了这项实验。地球上的观众通过电视，亲眼目睹了两个物体同时落地的场景。

可见，权威人士也并不是总是正确的，他们也有犯错的时候。一位哲学家曾说过：“有的人敢于坚持自己的方向，结果他推翻了一个权威，自己成为了权威。”而人类的进步就是在不断质疑权威的过程进步的。所以，在日常生活当中，我们不要过于迷信权威，要坚持独立思考，拥有自己的见解。如此，我们才能真正不被权威迷惑，才能更加客观地认识事实。

期待效应：他人的期待正在塑造你

期待效应，也叫皮格马利翁效应，是一个心理学概念，通常是指在人际交往中，一方充满感情的期许会对另一方产生微妙而深刻的影响。就像人们通常说的“说你行，你就行，不行也行；说你不行，你就不行，行也不行。”期待会对一个人产生深刻的影响，但是影响并不一定都是积极的。其实，期待效应是一把双刃剑，积极的期待会让一个人朝着好的方向发展，最终做出成就；但是消极的期待则会消磨掉一个人的斗志，使他向不好的方向发展。

美国哈佛大学的心理学教授罗森塔尔曾经做过一个教育效应的实验。他把一群小白鼠一分为二，把其中的一组（甲组）小白鼠交给了一个实验员，告诉他：“这组小白鼠比较聪明，就交给你来训练了。”然后把另一组（乙组）小白鼠交给另一个实验员，并告诉他：“这是一群智力普通的小白鼠，你来训练吧。”随后，两位实验员开始分别对两组小白鼠进行训练。

一段时间之后，罗森塔尔来检查两名实验员的训练情况。检验的方法就是让小白鼠穿迷宫，结果发现，甲组的小白鼠要比乙组的聪明，它们率先跑了出去，并且成功穿过了迷宫，用时要比乙组的小白鼠短许多。

其实罗森塔尔对小白鼠的分组非常随机，他自己也不知道到底哪组小白鼠聪明。但是他的话却对实验员产生了影响，那个认为自己接收了聪明的小白鼠的实验员，就用对待聪明小白鼠的方式进行训练，结果这些小白鼠真得变聪明了；相反，另一个实验员认为自己收到的是比较笨的小白鼠，就用对待笨的小白鼠的方式训练它们，结果这些小白鼠的成长非常有限。

随后，罗森塔尔将这个实验扩展到人的身上。他和另外一名教授带着一个实验小组来到一所普通的小学，径直找到了学校的校长，然后告诉校长他们要在这所学校对学生进行“发展潜力”的测验。他们从各个班级里随机抽取了部分学生，然后交给任课老师，并告诉他们：“名单中的这些学生是学校中最有发展潜能的学生，并再三嘱咐教师在不告诉学生本人的情况下，注意长期观察。”几个月之后，罗森塔尔再次回到学校，他们发现，当初挑选出来的学生，不仅仅是在学习成绩和智力上有了明显的进步，而且在兴趣、品行、师生关系等方面也都有了很大的变化。

其实，在日常生活当中，我们也在期待着其他人的赞美、认可，因为他人的期待会让我们对生活、工作更加努力。所以，有一些人在为了得到他人的认可的过程中，逐渐失去了自己，在努力成长为他人期待的人。诚然，得到他人的认可和赞美，会让自己的心灵得到满足，所以我们会不自觉地去追求赞美和认可。但更严重的是，有的人忘记思考自己真正喜欢的是什么，真正想得到的又是什么，也不去考虑自己擅长什么，而是按照他人的期待，按照社会的期待，努力让自己符合这些期待。

最终，我们被训练成为了“看上去的我”，而不是成为“真正的我”。我们更加在意别人的掌声和议论，而不是遵从自己的内心。其实这种事情在每个人身上都发生过。小时候，为了让父母表扬，我们努力做一个乖孩子；在学校，为了让老师认可，努力学习，即便那些课程我们不喜欢；为了让朋友接受，我们违心答应他们的请求、要求……但这一切并不一定是自己内心真正想要的。

想要让自己不留遗憾，不后悔，就要了解自己是一个什么样的人，明白自己想要的到底是什么。不要把他人的欲望投射在自己身上，去迎合他们。有人说过：“在这个世界上生活，就要学会闭上眼睛，捂住鼻子。”其实就是在告诉我们，每个人都要学会守护住自己的那一部分。在社会中生活，我们必须要打开所有的感官，这就在所难免地要应对他人的期待。因此，要想不被其他人的期待所塑造，就要认真地进行“我”的思考。不管什么时候，“我”才是自己的主体，没有什么能比自己的理想、内心更值得倾注心血。不要为了达成周围人的期待，过于勉强自己，浪费自己。虽然可能会被其他人抱怨，甚至怨恨，但是我们过得终究是自己的生活。因此，对于他人的期待要正确认识，不要让对方的期待毁了自己。

投射效应：小心以己度人

有一则关于苏东坡和佛印的小故事：

一天，苏东坡去拜访佛印，佛印很热情地招待了他。后来佛印教苏东坡坐禅，苏东坡很高兴地穿上了长袍，坐在佛印对面。两个人对坐了一会，苏东坡突然问佛印：“你看我像什么？”佛印微微一笑，说道：“我看你像一尊金佛。”苏东坡听了非常开心。佛印也回问道：“学士看我像什么？”苏东坡有心戏谑佛印，说道：“像一堆牛粪。”佛印听了这话，不仅没有恼怒，反而淡然一笑。

回到家里，苏东坡非常开心，因为他觉得自己赢了佛印。他的妹妹很好奇，就问哥哥为什么这么开心。苏东坡就把和佛印的故事告诉了妹妹，苏小妹听完之后，略加思索，说道：“哥哥，其实是你输了。”苏东坡不解，苏小妹接着说道：“佛家有‘佛心自现’一说，你看别人是什么，自己就是什么。”

这个小故事揭示了一个心理学概念——投射效应。意思是说，人们都有把自己的观点投射到其他人身上的倾向。就像我们常说的“以小人之心，度君子之腹”，讲的就是小人喜欢用自己卑劣的心来推测那些正人君子。

投射效应是指在人际交往的时候，人们习惯于把自己的某种特性强加到对方身上，这些特性可以是我们的思维、习惯、想法等，并以此为依据来忖度对方的想法、习惯，认为对方和自己是一致的。这种建立在想当然的心理上的认知，存在一定的障碍，也就是自己在评判他人的时候通常带有主观色彩。比如，一个乐观的人会认为其他人也很乐观，一个悲观的人会认为其他人也很哀伤。

在投射效应的作用下，人们的认知经常出现偏差，因为人们会用自己的想法来揣测对方，而不是根据被观察对象的真实情况进行认知，结果很容易出现偏差。

美国知名主持人林克莱特曾有过这样一次访问，访问的对象是一个小朋友。林克莱特问这位小朋友："你长大后想要做什么？"

"我要当飞机的驾驶员。"小朋友很认真地回答。

林克莱特接着问道："如果有一天，你的飞机飞到太平洋上空，但是所有的引擎都熄火了，你会怎么做呢？"

小朋友认真地想了想说："我会告诉大家系好安全带，然后我挂上自己的伞包跳下去。"孩子的话刚说完，台下的观众就笑得东倒西歪，就连林克莱特也觉得小孩是一个自以为是、不顾别人的家伙。但是林克莱特突然看到孩子的眼睛里里溢处两行泪水，悲悯之情让林克莱特大为动容，他连忙接着问道："为什么要这么做呢？"

小朋友的脸上挂着泪水，说道："我要回去拿燃料，我要回来救大家。"孩子的话让台下的听众，瞬间安静了下来。

是的，生活当中的我们也会像这些听众一样，以自己的想法来忖度那个孩子，觉得他是一个自以为是、不顾他人的家伙，甚至还会发出嘲笑的声音。但是当孩子讲出自己真实的想法之后，我们才发现自己错了。

这就是投射效应，它会让我们按照自己是什么样子来知觉他人，而不是按照被观察对象的本来面目去进行知觉。如果观察者和被观察者很相像，那么知觉有可能是正确的，如果两个人没有相似性，那么知觉就会出现错误，很可能会让双方的交际陷入僵局。

投射效应会让人想当然地认为其他人的好恶与自己相通，进而会试图以自己的思维方式来影响他人。具体的表现大致有三类：

第一，相同投射。大多出现在和陌生人初次相交的时候，因为彼此不了解，投射就会不自觉地发生，通常是以自我的感知出发进行判断。比如，当一方觉得热的时候，会想对方也很热，于是就会自顾自地打开空调。有些老师在讲解知识点的时候，觉得有些知识点很容易理解，不需要过多讲解，于是就一带而过。但是在学生看来，这个知识点未必容易理解，对他们来说很可能是一个不小的难题。老师的做法就是相同投射，他是站在自己的角度，认为这个知识点简单，而不是从学生的角度思考。

第二，情感投射。类似我们说的“情人眼里出西施”。就是对于自己喜欢的人，我们看到的都是优点；对于自己不喜欢的人，我们看到的都是缺点。于是我们就会过度吹捧、赞扬自己喜欢的人，大肆贬低、指责自己不喜欢的人。这种认为自己喜欢的就是好事、好人，进而美化，自己不喜欢的就是坏人、坏事，进而丑化的现象就是情感投射。

第三，愿望投射。把自己的主观想法强加给对方。比如，一名员工觉得自己很优秀，自我感觉良好，并且希望上司能够给予自己正面的考评，于是他就会把上司的中性评语理解为表扬。

其实不管是哪种投射，都是知觉的歪曲，都没有做到客观、真实。所以，在人际交往中，我们要尽可能保持理性，避免因为知觉偏差引起误会。

晕轮效应：莫被“光环”迷惑双眼

晕轮效应又称光环效应，属于心理学范畴，通俗地讲就是指当一方对另一方的某个特质形成好的或者坏的印象之后，他就会根据这个特质来推论这个人的其他方面。从根本上来说，这是一种以偏概全的认知偏差。比如说追星，当一个人喜欢上一名歌星的歌曲，或者喜欢上一名影星的影视剧之后，就会觉得这名歌星或者影星各方面都非常出众，越看越喜欢。

晕轮效应由美国心理学家爱德华·桑戴克提出，爱德华认为，人们对于其他人的认知和判断通常是从局部开始，是从某一个特点、某一个方面扩散，然后得出整体印象。在这个过程中，最初的特点、品质会像月亮的光环一样扩散开来，把这个人的其他品质、特点遮掩起来。在这种情形下，我们就会想当然认为对方是某一特质的人，但结果却是以偏概全。

普希金的故事，相信很多人都知道，他是俄国著名的文学家、诗人，是俄国现代文学的创始人之一，他短暂的一生给世人留下了许多经典的文学作品。但是，他的婚姻却并不幸福。

普希金是俄国著名的诗人，年轻的时候，有许多女孩疯狂地迷恋他，但是却没有谁能打动他的心。后来，普希金遇到了有“莫斯科第一美人”的娜坦丽，娜坦丽的容貌让普希金惊为天人，他认准了娜坦丽就是自己梦中的爱人。随后，普希金对娜坦丽展开了狂热的追求，在普希金的猛烈追求下，两个人很快恋爱，结婚。

但是婚姻生活并不像普希金想象的那么美好，他和娜坦丽在生活上有着非常大的差异，两个人并没有多少共同语言。对普希金来说，诗歌是他生活中非常重要的一部分，但是娜坦丽却偏偏不喜欢诗歌。

每次普希金把自己的新诗读给娜坦丽听，她都捂着耳朵大声说："我不听，你的诗歌我早就听够了。"一次，普希金的几个朋友到家里来做客，他们一起朗诵普希金的诗歌，娜坦丽当时也在场。有一个朋友觉得他们朗诵的声音太大了，于是问娜坦丽他们朗诵会不会影响到她。娜坦丽不以为然地说道："朗诵你们的吧，反正我也不听。"可见，诗歌对她来说多么的索然寡味。

当然，娜坦丽也有自己的爱好，那就是出入上流社会的宴会，去各地游玩，普希金也确实丢下了诗歌陪着娜坦丽玩乐。这些花费了普希金大量的时间、精力和金钱，让他债台高筑。在这时，法国宪兵队长对娜坦丽展开了疯狂的追求，不堪忍受屈辱的普希金选择了和情敌决斗。决斗中，普希金身受重伤，没过多久就去世了。享年 38 岁。

在现实生活当中，像普希金一样为了爱情决斗的并不多。但是像他一样，婚后生活不和谐，最终闹到离婚收场的却不在少数。其实大多数婚姻中的男女都有这样的感觉：这个伴侣不是热恋中的那一个，变化太大。之所以会出现这种感受，就是"晕轮效应"在作怪。恋爱的时候，彼此只会看到对方的好，进而把这些好不断扩大，掩盖住了彼此身上的那些不足。但是结婚之后，随着接触的越来越多，越来越深入，那些被忽略的缺点就暴露了出来，也就产生了婚前婚后不一样的感觉。

人际交往中也是如此，如果一开始我们就认定一个人的品质是好的，那么他身上的其他品质也会被认定是好的，我们自然也就愿意和他交往；如果一个人的品质被认定是不好的，那么他其他的品质也会被认定是不好的。就像我们平时说的："一好百好，一差百差"。

所以说，在人际关系中，晕轮效应一直在影响着人们对另一方的评价和认知，只是简单地把一个特性当作对方的全部，就会片面地认为对方是某一类人。比如，有些人看起来和蔼可亲，慈眉善目，好像人畜无害一般，而且他们有涵养、有学识，谦逊有礼，我们就会想当然认为对方是一个可以值得交往的人，是一个有水平的人。殊不知，生活中很多骗子也是这样伪装自己。还有一些人看起来不好相处，说话太直，不顾及别人的感受，很容易伤到别人，我们就会认为他们的人品不好，是一个不好相处的人。但是很多时候恰恰是这种人比较容易相交，因为他们没有阴谋诡计。

所以，在人际交往中，我们要克服晕轮效应，客观地评价一个人。要知道，没有谁是完美的，每个人身上都有优点，也有缺点，我们要全面地认识一个人，不能片面地了解一个人，以免以偏概全，错失真正的朋友。

跳骚效应：目标决定人生的高度

生物学家曾做过一个实验，把跳蚤放在地上，它能跳起一米多高。如果在一米高的地方加一个盖子，跳蚤跳起来的时候会撞到盖子上，而且会一再撞到盖子上。一段时间之后，跳蚤发现自己撞不开盖子，就开始调整跳跃的高度，不再撞到盖子上。然后生物学家拿走盖子，跳蚤跳跃的高度再也没有到过 1 米，直到死亡。心理学家把这个现象称作“跳蚤效应”，以此来形容社会上非常普遍的现象。

跳蚤直到死亡都没有再跳到 1 米高的地方，因为它自己调节了跳跃的高度，并且适应了这个高度，不再改变。不仅跳蚤如此，人也是如此，一个人的人生取决于他的目标。

还有人做过类似的实验，他们把一条鲨鱼和一群小鱼放在一个大鱼缸里，不过用一块玻璃把鲨鱼和小鱼隔开。鲨鱼看到小鱼之后，就飞快地游过去，却撞在了玻璃上。不甘心的鲨鱼继续向小鱼发起攻击，但是每次都无功而返。不久之后，实验人员把玻璃抽走，可是鲨鱼不再攻击小鱼，即便小鱼游到它身边，它也没有攻击的意思，而且鲨鱼总是在自己那半边游动，不曾越界。

根据实验，研究人员得出结果：鲨鱼在数次攻击无果之后，就认为自己没有吃掉小鱼的能力，即便后来玻璃被撤走，它也失去了继续攻击小鱼的意愿。

其实我们都明白这个道理，跳蚤和鲨鱼被盖子和玻璃阻挡了前进的路线，它们只能在那个框架里活着，其实真正阻挡跳蚤和鲨鱼的是它们的思维。因为特定的环境让它们的思维固定了，并且深深地影响着它们的心理，使得它们告诉自己越不过那个盖子和玻璃。

也许我们会笑跳蚤愚蠢，鲨鱼很傻，其实生活中很多人和跳蚤、鲨鱼一样，把自己桎梏在特定的思维里，不想做出改变。而禁锢我们思维的，就是我们给自己设立的目标。

1952 年 7 月 4 日清晨，加利福尼亚海岸笼罩在浓雾中。在海岸以西 21 英里的卡塔林纳岛上，一个 34 岁的女人涉水进入太平洋中，开始向加州海岸游去。如果这次横渡成功了，她将是第一位游过这个海峡的女性。这名妇女叫费罗伦丝·柯德威克。在此之前，她已经横渡了英吉利海峡，她想再挑战一下自己。

横渡开始之后，冰冷的海水冻得费罗伦丝只打寒颤，而且当时的雾非常大，费罗伦丝连护送她的船只都看不清。时间一分一秒的过去了，费罗伦丝始终看不到加州的海岸，而千千万万的观众通过电视关注着她。对费罗伦丝来说，最大的敌人不是体力，而是冰冷的海水。15 个小时之后，费罗伦丝被海水冻得有些快麻木了，她知道自己不能再游下去了，她喊护送人员把她拉上船。费罗伦丝的母亲就在那艘船上，她鼓励女儿坚持下去，因为加州的海岸已经不远了。但是费罗伦丝朝加州方向望了望，除了浓雾，她什么也看不到。又游了几十分钟，费罗伦丝再也坚持不下去了，人们只好把她拉到了船上，而上船的地点离加州海岸只有不足半英里。

当其他人把这个事实告诉她之后，费罗伦丝感到非常沮丧。她告诉记者，真正让自己放弃的不是体力不支，也不是冰冷的海水，而是望不到的目标。这也成为了费罗伦丝一生唯一一次没有坚持到底。

两个月之后，在相同的地方，费罗伦丝横渡了同一个海峡，她不仅成为了第一个横渡加利福尼亚海峡的女性，而且比男子的记录还快了大约两个钟头。

这个案例告诉我们：目标的重要性。人生是由目标决定的，目标有多大，生命就有多精彩，有多高的目标，就有多大的人生舞台。但是生活中，有太多的人不敢设定目标，不敢追求成功，当然，并不是他们不渴望成功，而是他们给自己设定了一个“高度”，这个高度不断提醒他们——成功是不可能的，自己没有成功的能力。正是这种“自我设限”，太多的人把自己困在了一小片天地里，无法实现更远大的目标。

所以，人生要想精彩，就要敢于不断突破自我限制，设立更远大的目标。有道是“心有多大，舞台就有多大”，心的高度和宽度，决定了你人生舞台的宽度和高度。不要用心里的“高度”来束缚自己的人生。

鸟笼效应：谨防无中生有

“鸟笼效应”是一个著名的心理学现象，又叫“鸟笼逻辑”，是人类难以摆脱的十大心理之一。鸟笼效应是一个很有趣的心理学现象，人们会在偶然获得一件原本不需要的物品的基础上，继续添加更多与之相关而自己不需要的东西。比如，一个人偶然得到一个精致的鸟笼，一段时间之后，他会买来一只鸟搭配鸟笼，而不会把笼子丢掉。也可以说，这个人被鸟笼俘虏了。

“鸟笼效应”是由美国著名的心理学家詹姆斯提出。詹姆斯从哈佛退休时，他的好友物理学家卡尔森也一同退休了。这天，詹姆斯突发奇想，要和卡尔森打赌：“不久之后，我会让你养一只鸟。”卡尔森哈哈大笑，说道：“我从来就没有想过要养鸟，你肯定输了。”

几天之后，卡尔森过生日，詹姆斯送来一个精致的鸟笼做礼物。卡尔森明白詹姆斯的意思，笑了笑说道：“我会把它当作一件精美的工艺品。”但是事实并没有朝着卡尔森认为的方向发展。因为来访的客人都会问：“教授，您养的鸟是不是死了？”卡尔森只好一次次向来访的人解释，自己从来没有养过鸟，这只不过是朋友送来的礼物。但是来访的朋友却是一副不相信的样子。

这让卡尔森非常苦恼，有心扔掉这个鸟笼，但是扔掉如此精致的鸟笼，他又觉得非常可惜。最后，卡尔森只好买来一只鸟来搭配这个鸟笼。虽然访客不在问了，而且还对他的鸟笼和鸟赞扬不已，但是卡尔森却有些沮丧，因为他的老朋友的“鸟笼效应”奏效了。

其实鸟笼对于卡尔森来说并不是必需品，鸟就更不用说了。虽然他自己看着空鸟笼并不觉得别扭，但是访客三番五次的询问也让他觉得屡次解释太过麻烦，于是就买来一只鸟来解决问题。

生活中，像卡尔森这样的情况并不少见。比如，家里新买了一台新潮的液晶电视。但是问题并没有在电视到来之后结束，有了新潮的电视，电视柜就不能太寒酸。换了电视柜之后，客厅里其他家具也得配套，甚至于家里的地板都会被敲掉换成新的……

还有，一个女孩子逛商场，买了一件新潮的衣服，回到家里之后，再看其他衣服就会觉得过时了，为了搭配这件新衣服，她就会买来新的裤子、鞋子甚至首饰。

像这样的例子在生活中还有很多，人们原本按照自己的规划在生活，有着自己的生活轨迹，但是偶然出现的一些事物给予了我们另外的诱惑和牵扯，让我们难以割舍，最终改变自己的生活轨迹。鸟笼效应很多时候带给我们的是烦恼，当我们把鸟笼挂起，就会不由自主地往里边添东西。

通过鸟笼效应，我们发现，在生活中，出于惯性思维，我们会对自己认为对的事物不假思索地肯定。但是我们认为不正确，或者说不认可的事情，也会在别人温和的询问中做出改变。就像卡尔森教授一样，原本只是一个鸟笼，而他也并没有养鸟的打算。但是在其他人一遍遍温和的询问中，卡尔森教授不得不做出妥协——买来一只鸟，放到鸟笼里。

其实很多人都受制于鸟笼效应，因为惯性思维过于强大，或者说是社会普遍认为的“正常”过于强大。比如：鸟笼必定是用来养鸟的；结婚就一定要有婚房；有钱人就一定要住大房子……当然，惯性思维有其益处，它能帮助我们迅速熟知周围，融入集体。但凡事过犹不及，如果过分的遵从惯性思维，就会陷入刻板、墨守成规当中。我们知道，鸟笼确实是用来养鸟的，但是它也可以作为工艺品——只要它足够精致；恩爱的情侣也能奉行“裸婚”，先结婚后买房；有钱人也不一定非要住大房子，只要舒服就好……所以，我们不要被“鸟笼”困住自己的思维，要发散思维，走到“鸟笼”外面，就会有不一样的发现。

生活中，我们被别人习惯性的逻辑所左右，向惯性思维屈服的案例不在少数。但是也有许多敢于打破惯性思维的存在，他们不墨守成规，敢于向传统和习惯挑战，而人类的进步大多来自于这些挑战。所以，我们要少用“鸟笼逻辑”来推论别人，也不要让自己陷入“鸟笼逻辑”当中，成为一个墨守成规，顽固不化的人。

巴纳姆效应：你在对号入座吗

巴纳姆效应是一种心理学现象，由心理学家伯特伦·福勒通过试验证明，以杂技师巴纳姆的名字命名。巴纳姆效应认为每个人都会很容易相信一个笼统的、一般性的人格描述特别适合他。即使这种描述十分空洞，仍然认为反映了自己的人格面貌，哪怕自己根本不是这种人。这种现象和我们平时说的“对号入座”有很大的相似性。

1848年，福勒对一群学生进行了一项人格测验，并根据测验结果进行分析。这项测验是让学生对“个人分析”与本人特质的契合度进行评分，0分最低，5分最高。不过这些学生得到的“个人分析”完全一样：“你祈求受到他人喜爱却对自己吹毛求疵。虽然人格有些缺陷，大体而言你都有办法弥补。你拥有可观的未开发潜能尚未就你的长处发挥。看似强硬、严格自律的外在掩盖着不安与忧虑的内心。许多时候，你严重的质疑自己是否做了对的事情或正确的决定。你喜欢一定程度的变动并在受限时感到不满。你为自己是独立思想者自豪并且不会接受没有充分证据的言论。但你认为对他人过度坦率是不明智的。有些时候你外向、亲和，充满社会性，有些时候你却内向、谨慎而沉默。你的一些抱负是不切实际的”

最后测验的结果为4.26分，也就是说大多数学生认为这份“个人分析”和自己的契合度非常高。事实上，这份“个人分析”是福勒从星座与人格关系的描述中搜集来的，并没有什么科学性而言。其实看一下这份分析报告，不难发现，其中许多话对大多数人都适合。这也就难怪大部分同学“对号入座”了。

巴纳姆效应在生活中非常常见，那些迷信星座学说、迷信算命先生的人，总会把那些笼统的、甚至可以说是很空洞的话套在自己身上，而且由衷地发出感叹“说得太准了”。这其实是自我认知缺失造成的，也就是自己对自己并不了解，所以才会受到外界的影响。那么，这种对号入座到底有没有科学根据呢？法国的科学家曾针对这一效应进行过专项研究。

研究人员把震惊法国的杀人魔马塞尔·贝迪德的生日资料寄给了一家星座分析报告公司，这家公司号称是根据最高级的软件分析得出结果，在法国非常具有权威性。

三天之后，研究人员收到了这家公司寄来的详细的星座分析报告，报告显示：此人的适应能力出众，而且活泼好动。生活中，他是一个活力四射的人，人际关系也非常出众。而且他是一个才华出众，道德感非常强烈的人。

就是这个星座分析报告公司称为“道德感十分强烈的人”却是法国历史上臭名昭著的杀人狂魔，他的手上沾染了 19 个无辜生命的鲜血。另外，报告还指出，贝迪德将在 1970 年 –1972 年开始自己的感情生活。这一论断也被证明是不靠谱的，因为贝迪德在 1946 年已经被处死了。

为了让研究更加准确，研究人员又进行了一次实验。这次，他们把发动二战的战争狂人——希特勒的生日资料寄给了同样在星座分析方面享有盛誉的另一家公司。但是这家公司的分析同样令人吃惊——他们认为出生在这个日子的人是一个非常有爱心的人，还特别喜爱小动物。

另外，研究人员还找来五十名不知道希特勒具体出生日期的星座专家，让他们根据希特勒的性格来分析希特勒属于哪一个星座。结果，大多数人都认为希特勒应该是冷血的天蝎座，只有两个人认为他是充满爱心的射手座。事实上，希特勒出生在四月份，而星座专家分析出来的两个星座都在冬季。

人们之所以会对号入座，很大程度上是受巴纳姆效应影响，所以才会认为星座学说、算命先生说的那些笼统空洞的话非常准确。当然，除了心理学方面的原因，还有概率学方面的原因。其实很多事情都有两面性，就像硬币一样，有两个面，也就是说星座公司的分析报告必定会有五成的几率成功。

因此，在日常生活当中，我们要尽量避免巴纳姆效应的影响，认真分析自己，认识自己，不要被那些笼统的、空洞的话迷惑，迷失自我。

毛毛虫效应：可怕的盲从

法国心理学家约翰·法伯曾做过一个名为“毛毛虫实验”的实验。他把许多毛毛虫放在花盆周围，让他们一只只首尾相连，绕着花盘一圈，然后又在离花盆不远的地方撒了一些毛毛虫喜欢吃的树叶。随后，这些毛毛虫就开始一圈一圈绕着花盆爬，几天过去了，这些毛毛虫始终在围着花盆爬，直到他们因为饥饿或者疲劳死去。约翰在做这个实验的时候，曾认为这些毛毛虫会爬上离花盆不远的树叶，但是结果却出乎他的意料，它们就绕着花盆不停地爬，最终死在了离食物不远的地方。

后来，科学家把这种喜欢跟着前面的路线走的习惯称之为“跟随者”的习惯，把因跟随而导致失败的现象称为“毛毛虫效应”。自然界中，还有许多像毛毛虫一样的生物，很多比毛毛虫还要高级，也在受这一效应的影响。其中比较典型的就是鲦鱼，因为比较弱小，所以它们是群居生物，并以群体中的强者为自然首领。曾有实验人员把一群鲦鱼中的首领的脑后控制行为的部分割除后，它便失去了自制力，行动也发生紊乱，但其它鲦鱼却仍像从前一样盲目追随。

当然，“毛毛虫效应”不仅在自然界发挥作用，在人类社会同样有效用，很多人就像毛毛虫一样，墨守成规，不懂得改变，一味盲从以前的经验，不知道做出变通。比如，在一些企业中，有些领导非常强势，当然，他们也很有能力，于是就在企业中形成了一大批坚定的“跟随者”，他们对于领导的话是坚决执行。即便是那些自己理解不了的，他们也会认为是自己的问题，而不是领导的问题，依然坚决执行。还有的人只愿意相信自己的经验和书本上的经验，当其他人提出疑问的时候，他们就会说：“我过去一直都是这样，从来没有出过问题。”还有一些人胆小怕事，随大流，即便认为不对也要跟着走。这些都是“毛毛虫效应”的表现。

要知道，社会一直在发展，如果我们只是盲从以前、盲从他人，不懂得自己思考问题、解决问题，我们的思维就会越来越固化，越来越僵化，最终被日新月异的社会抛弃。所以，我们要抛弃墨守成规，因循守旧，敢于创新，才能有新的成就。

“扬州八怪”之一的郑板桥自幼酷爱书法，为了练好字，曾临摹过许多名家的字体。经过刻苦的练习，他的书法有了很大的进步，几乎可以以假乱真，但是大家对他的字的评价并不高，这让郑板桥非常苦恼，临摹的更加刻苦了。不过在一个月朗星稀的夜晚，妻子的一番话，改变了郑板桥一直以来的练字习惯。

这天晚上，郑板桥和妻子在庭院里乘凉，乘凉的时候郑板桥依然不忘练字，就用手指在自己的腿上练字。不过他写着写着，就写到了妻子身上，妻子不胜其烦，很不耐烦地说道：“你有你的身体，我有我的身体，你为什么不在自己的身上写，偏偏要在我身上写字？”一句话让郑板桥恍然大悟：正是你有你体，我有我体，我为什么要一直模仿别人呢，为什么不能有自己的字体呢？

从此，郑板桥不在临摹其他人的字体，他取各家之长，融会贯通，以隶书与篆、草、行、楷相杂，用作画的方法写字，终于形成了雅俗共赏的“六分半书”，也就是人们常说的“乱石铺街体”，并成了清代享有盛誉的著名的书画家。

这个案例告诉我们，在日常生活当中，不要一味地去盲从他人他事，要有自己的主见，特别是面对一些传统习惯时，如果觉得不合时宜，就要认真思考，不要受那些不合情理的条条框框的束缚，尽可能按自己的内心去执行。

每个人都要有主见的去行动，懂得独立思考，不能盲从前人、盲从以前的经验。更不能禁锢与以往固有的、僵化的模式，要敢于创新，敢于走不同寻常的路。也许这样会让其他人觉得你“特立独行”，但这也是你敢于独立思考，勇于创新的表现。也许很多时候，那些敢于走不寻常路的人不为“正常人”认可，但是成功却通常是他们的，因为他们的选择是正确的。所以，在面对他人的非议、嘲讽的时候，我们一定要坚持自己，坚持走自己的路，敢于打破陈规陋习，如此一来，我们才能有更多的机会接近成功。

自我参照效应：小心庸人自扰

安德鲁·杰克逊，是美国第7任总统，也是美国历史上第一位贫民出身的总统，同时也是美国历史上非常出色的政治家。在第二次美英战争中，他坚忍不拔，尤其是在新奥尔良战役中，他率军大败英军，成为举国闻名的战斗英雄。像这样的英雄人，理应不被世间俗物困扰，但是安德鲁却没能逃脱俗事困扰。在他的妻子因为中风去世之后，安德鲁就对自己的健康状况担忧不已。后来，他的家庭中又有几位亲人因为中风瘫痪离世，这让安德鲁更加坚信自己也会得这种疾病，并在痛苦中去世，所以，他一直在这种恐惧的心里中，彷徨生活。

一天，他去一位朋友家做客，并和这位朋友家年轻的小姐下棋，而且两个人相谈甚欢。突然，安德鲁的右臂垂了下来，而且他看上去很痛苦，脸色苍白，呼吸急促。他的朋友连忙走到他身边，关切地询问他怎么了。

安德鲁有气无力地说道："终究还是来了，我中风了，身体的右半侧瘫痪了。"

"可是，你是怎么知道的呢？"他的朋友关切地问道。

"因为刚才我在自己的右腿上捏了几下，但是却什么感觉都没有。"安德鲁非常悲伤地说道。

这是，和安德鲁一起下棋的小姐却带着哭腔说道："可是，您刚才捏的是我的腿，先生。"

我们不要觉得这是一则笑话，也不要以为这样的错误和恐慌只会出现在垂垂老人身上，实际上，这样的情形会出现在我们每个人身上，只是程度不同而已。而且这样的情形在现实生活中并不少见：赵先生年仅40岁，他的叔叔和伯父都因为胃癌去世，这让赵先生非常不安，他经常怀疑自己也患上了胃癌。一旦胃部不舒服，他就会担心的吃不下、睡不着，三番五次去医院检查。当然，检查的结果是一切正常。

还有一些人在网上看到某种疾病的症状，或者听一些医生说起疾病的症状时，他们就会反复思考自己身上是否出现过这些症状。如果很不巧，有那么两三个症状符合了，他们就会觉得自己患上了这种疾病，但其实不过是他们庸人自扰罢了。

这种情形在医学上被称作疑病症，不过在心理学上还有一个说法叫"自我参照效应"，也叫"记忆的自我参照效应"。

自我参照效应是说，人的记忆的材料如果和自己有关联，记忆效果会非常深刻。通俗地讲，就是人在接触新的事物时，对于那些和自己有联系的内容，记忆效果会更加持久，也会产生比较强烈的感官刺激。基于这种效应，人们在做出判断的时候，也会出现一些偏颇。

有些老师曾用这种效应来刺激学生对知识点的理解和记忆，收到了良好的效果。自我参照效应除了有其积极的一面，也像其他事情一样，有其消极的一面。比如，在面对疾病的时候，人的自我参照效应就表现得非常明显。所以，当我们遇到这种情况的时候，要告诫自己，要理性、谨慎，要认识到这一切都是自我参照效应在作祟。认识到事物的本质之后，我们也能加以利用。对于自我参照效应，我们可以充分发挥它在记忆方面的杰出效果。因为自我参照效应告诉我们，和自己有关联的事物，我们的记忆会非常深刻、持久。

有心理学家对此做过实验：

心理学家找了一位很漂亮的大学生，然后给了她一些词汇，这些词汇有：年轻、漂亮、聪明、沙滩、地瓜、山脉、镜子、清纯、柏油马路、温柔、羡慕等，心理学家让这位大学生花了四分钟时间来记下这些词。第二天，心理学家询问这位大学生记住了哪些词。

结果显示这位大学生记住的词语多为——漂亮、年轻、温柔、镜子、聪明等这些和自己有关的词，其他词语则印象不深。

由此可见，和自己有关的事物，人们会记得非常清楚，和自己无关的事物，人们对它的印象往往比较模糊。工作和学习中，我们很容易记下和自己相关的内容，而且不容易遗忘。这是因为，我们对和自己有关的事情关注度比较高。但是，凡事过犹不及，过度的关注只会走向焦虑的一面，美国总统安德鲁怀疑自己的健康状况就是如此。也就是，当我们过于关注的时候，就会不自觉地放大负面的信息，疑神疑鬼，庸人自扰。

所以，我们要理性地看待自我参照效应，合理利用，使其朝着有益于我们的方向发展。

第二章

人性向日葵：乐观的人更容易成功

同样半杯水，有些人会欢呼雀跃，而有些人则会唉声叹气。你是一个乐观主义者，还是一个悲观主义者呢？

曼狄诺定律：爱笑的人，运气不会太差

曼狄诺定律是一个关于微笑的定律，由美国作家F•H•曼狄诺提出。曼狄诺定律主张人们应该微笑，微笑拥有巨大的魔力，更重要的是要真心的微笑。尤其是当一个人遇到挫折、心情不好的时候，他更希望看到微笑，看到他人温情地对待他。可以说，微笑就如一双温暖的双手，能够把人从泥潭中牵引出来。

美国著名成功学家卡耐基说："笑容能照亮所有看到它的人，像穿过乌云的太阳，带给人们温暖。"所以，有人说微笑是世界上最动人的行为语言，虽然没有声音，但最能打动人。当然，微笑也是人际关系中良好的"润滑剂"，能有效缓解沟通中的尴尬，拉近彼此心灵上的距离。当然，爱笑的人，运气也不会太差。

威廉•史坦哈是纽约证券股票公司的一名员工，他并不是一个让人喜欢的家伙，因为他的脸上很少有笑容，总是冷冰冰的，所以他并不怎么受人欢迎。在和太太结婚的第十八个年头，原本就很沉闷的史坦哈觉得日子过得越来越无聊，他想做出改变，不要这种一成不变的生活。

他决定先从脸上做出改变，一改沉闷的自己，向其他人展露自己的笑容。第二天上午，洗漱完毕之后，他对着镜子露出了笑容，虽然有些勉强，总算迈出了第一步。随后，在饭桌上，他又史无前例地向妻子露出了微笑，并打招呼："早安，亲爱的。"史坦哈的微笑让妻子怔住了，不知道作何反应。史坦哈看着妻子，继续说道："亲爱的，不必惊讶，我的微笑在以后会成为很平常的事情。"说这些话的时候，

他的脸上始终挂着微笑。

就这样，在以后的日子里，史坦哈每天都会展露微笑，渐渐地，他发现家里的气氛不一样了。妻子变得越来越乐意帮他做事情，而且妻子的脸上也经常挂着笑容，这样的状态让史坦哈觉得自己换了一种生活。

再后来，史坦哈不仅对着家人微笑，还会对遇到的每一个人微笑。他会对着大楼的管理员微笑，也会对地铁里的陌生人微笑；在交易所里，他会对着同事微笑，也会对着那些难缠的客户微笑。当然，他送出去的每一份微笑都收到了回应，大家也对他报以微笑，这让史坦哈觉得非常愉悦。

自从史坦哈开始微笑着面对周围的人之后，他就再也不是一个不受欢迎的人，大家都愿意和他愉快地相处。而且以往棘手的难题，现在看来也变得非常容易解决了。

其实日子还是以前的日子，生活之所以发生了变化，就是史坦哈的脸上有了笑容，而笑容会让人感到温暖而愉快。

人的一生不会一直风平浪静，也不会永远波涛汹涌，只不过有的人相对顺利一些，有的人相对坎坷一些，但是永远一帆风顺、一直不幸的人是不存在的。但是有的人把短暂的困难当作了一生的不幸，结果就倒在了挫折面前。我们要知道，无论是谁都躲不过挫折和困境，我们能做到的就是乐观面对。虽然乐观面对并不能让你得到什么，但是它会让你在挫折中感到平衡，让你能够正确对待困境，并从中走出来。正如一位哲人说的："生活中总有幸运和不幸，乐观些，幸运离你不会太远。"

但是在当下，随着年龄和阅历的增加，人们反而越来越不会笑了。由于家庭和工作的压力、人际关系的复杂，人们终日为生计操劳，笑容对许多人来说越来越奢侈了。而且有的人为了生活，开始冷笑假笑。

但是真正温暖人心的笑容是发自内心的真诚微笑，即使是在困境中，也能展露真心的笑容。而这种真心的笑容才是最能感染人，最能打动人的笑容。

微笑是世界上最动人的行为语言，它能够直达对方的心灵，温暖对方冰冷的心。这是因为，微笑不仅仅是一种表情，更是一种感情。只要你能投入最真挚的感情，就必定有所收获。而那些整日板着脸孔的并愁容满面的人，很难有所收获。因为在他们心中，生活是痛苦的，是不值得奋斗的。被负面情绪左右的他们只会面临更多的困境，而且也没有谁愿意帮助他们，当然也会因为这种负面情绪错失很多人生机遇，离成功自然也就越来越远了。

所以，想要运气不太差，请不要吝啬自己的笑容。

韦奇定律：大胆去走自己的路

人的一生会做出各种各样的选择，也会做出各种抉择，大到就业、婚恋，小到吃饭、穿衣。而人又是社会性的动物，周围有家人、朋友、同事以及其他各种各样的交际圈子。当我们要做选择、决策的时候，难免会向他们咨询。这时，我们就很可能会受到韦奇定律的影响。

美国洛杉矶加州大学经济学家伊渥·韦奇曾说："即使你已有了主见，但如果有十个朋友看法和你相反，你就很难不动摇。"这种现象就被称为韦奇定理。

当一众好友一起出去游玩，在一个岔路口，向左走，向右走，如果你想向左走，但是朋友们都说向右走，这时，你会选择一个人勇往直前，还是去跟随众人的脚步呢？对于一件事情，大家各抒己见，众说纷纭时，你是旗帜鲜明地提出自己的观点，做报晓的雄鸡；还是人云亦云，做群鸣的青蛙？当你要决定做一件事的时候，周围的人都不支持你，他们甚至怀疑你，反对你，这时，你还会相信自己是正确的吗？

你还会有勇气和决心来执行自己做出的决定吗？不是有这样一句话，当所有人都说你是错误的时候，你就一定是错误的。

韦奇定律告诉我们，即便我们非常有主见，非常肯定一件事情，但是当众人都持反对意见的时候，我们也会动摇，甚至是放弃。但是那些成功人士之所以能够取得伟大的成就，就是因为他们有超越常人的坚定的意志，他们比普通人站得更高，看得更远，更能坚持并忠于自己的选择。

《战国策》中有这样一个故事：

曾参和母亲住在费地。一天，当地一个和曾参同名的人杀了人，有人跑过来告诉曾参的母亲："曾参杀人了。"曾参的母亲正在织布，头也不抬地说道："不会的，我的儿子是不会杀人的。"过了一会，又有人跑过来对曾参的母亲说："曾参杀人了。"曾参的母亲依然没有相信，继续低头织布。没过多久，又有一个人跑到她的面前对她说："曾参杀人了。"这时，曾参的母亲有些害怕了，她连忙扔掉织布的梭子，翻墙逃跑了。

通过这个故事不难看出，即便不是事实，被人说得多了，而也会让我们相信，正所谓："众口铄金，积毁销骨。"

因此，在日常生活中，我们不要轻信他人的流言蜚语，要有自己的认识，不盲目地相信他人的观点，要根据事实来判断，这样才能避免做出错误的决定。

一群青蛙要举行一场比赛，比赛非常简单，就是看谁能最先跳到塔的最高顶层。在比赛当天，除了参赛的青蛙，还有许多青蛙在围观。

比赛开始之前，围观的青蛙就在旁边聒噪："塔这么高，你们怎么可能跳得上去，还是别费力气了。"听了这些话，有些青蛙就放弃了。只有一部分青蛙没有理会这些废话，继续往上跳。

跳到塔中间的时候，围观的青蛙又说话了："你们离顶层还那么远，不可能跳上去了，放弃吧。”听了这些话，又有一部分青蛙放弃了。最后，只剩下一只青蛙在往上跳，它完全不理会围观的青蛙的闲言碎语，只是朝着塔的顶层跳去。不知道跳了多久，这只青蛙终于跳到了塔顶，围观的青蛙都惊呆了，退出比赛的青蛙则懊悔不已。

青蛙们不明白，为什么这只青蛙能不理会他们的劝阻，一直朝着塔顶跳。后来，他们才知道，那只获胜的青蛙耳朵聋了，什么也听不到。

生活中，有时候我们也要适当的“耳聋”，摒弃那些闲话，不要让闲话动摇了信念。尤其是当我们确立了自己的目标之后，就要坚定的走下去，不被旁边的人影响，始终朝着自己的目标努力，如此才有可能取得成功。

当然，这并不是让我们一意孤行，必要的时候我们还要听取他人的意见，及时修正自己做出的错误决定。但当我们的选择是正确的，并且有足够的信心取得成功的时候，就不要因为其他人的言论改变自己的初衷。而是对自己认定的事情要坚持下去，不要轻易改变自己的信念。一个人要有“未听之时不应有成见，既听之后不可无主见”的原则。我们不怕众说纷纭，就怕莫衷一是，因为举棋不定只会让我们不敢忠于自己的选择，不敢坚持走自己的路。

舍恩定律：你要更自信一点

舍恩定律是美国麻省理工学院的教授提出的一项经济学理论，这项理论的中心意思是新思想只有落到真正相信它、对它着迷的人的手里，才能真正开花结果。只有信而不疑，才能真正让思想生根发芽，开花结果。

推而广之，就是一个人要想获得成功，首先要对自己的事业有信心，要相信自己，这是成功的基础。当然，这并不是说其他因素不重要，但是从根本上而言，信心是一个人成功的前提，如果一个人连最起码的信心都没有，那么他就很难坚定地向着自己的目标前进，更别提在事业上取得成就。只有那些怀有信念的人，才会坚定地激励自己向着目标前进。

所以说，怀有信念的人非常了不起，因为他们遇到困难不会退缩，面对危险也不会感到恐惧，几百年稍有不安，也会很快调整过来。坚定内心，朝着自己的目标全力以赴。看一看周围的成功者，他们身上有着相同的特质——自信。毛泽东有一句诗词，是对信念最好的诠释——自信人生两百年，会当水击三千里。因此，要想让自己的人生不平凡，首先要拿出自信。

洛克菲勒曾说过："自从我感受到人世间因为贫穷而产生疾苦的时候，我就萌发了一个念头，我要成为富人，我没有义务当穷人。随着时间的流逝，这个信念变得越发坚定，像钢铁一样坚硬。"凭着这个信念，洛克菲勒纵横商场，不放过任何机会。凭借自己的才华和努力，洛克菲勒成为了美国最富有的富豪之一，也成为了美国人心中的偶像。

其实，不管做什么事情都要有一个信念，因为只有在信念的支撑下，我们才能获得无穷的力量，才能勇往直前，直到成功。

宋兵出身贫寒，从小吃了很多苦，所以他一直有一个愿望——改变贫穷的命运，一定要闯出一番事业。大学毕业之后，宋兵决定自己创业，他不断寻找商机，做过许多小生意，也摆过地摊，渐渐积累了一些资金。一个偶然的机会，他听朋友说南方一家药材厂商要大量收购一种草药，宋兵就拿出了自己所有的积蓄，并找亲戚朋友借了一大笔钱，投资这种药材。由于不懂药材，甚至对药材的品种都不太了解，在收购药材的过程中难免会鱼龙混杂，一些品质不佳的药材也收购了进来。

一个多月之后，宋兵带着收上来的药材上路了，但是天公不作美，接连下了几天的大雨，而且气温一直居高不下，等药材送到了厂家，已经有一大半发霉腐烂了，剩下的因为里边有太多杂质，达不到厂家的要求，也被厂家拒收了。这一次，宋兵可以说是赔得血本无归，还背上了几十万的债务。

但是宋兵并没有气馁，也没有因为这次失败一蹶不振。他依然信心满满，对自己的信念不曾有丝毫的动摇。这次的打击反而更加坚定了他的信念，他开始尝试各种生意，而且生意越做越大。几年之后，宋兵的生意涉及到房地产、餐饮娱乐、超市零售等行业，他也实现了最初的信念——干一番大事业。

宋兵之所以在损失惨重之后能够迅速站起来，是因为他有坚定的信念，他对自己有信心，这份信念给了他无穷的力量，让他没有彷徨，没有沉沦下去，而是继续朝着自己的目标前进。对于这种积极乐观的人，命运之神总会眷顾到他，给予他更多的给予。

其实，在人生道路上，我们难免会遇到各种各样的挫折，有些挫折甚至会让我们一无所有；我们也可能会遇到各种各样的诱惑，这些诱惑会让我们迷茫，迷失方向，但是这些都是暂时的，只要我们拥有坚定的信念，对自己充满信心，我们必定能够走出困境，迎来更加光明的前程。

所示，不管我们的人生是一种什么样的经历，我们都不要丧失信心，因为信心能够激发我们无穷的潜力，指引我们向着美好的未来前进。而人的命运并非是注定的，只要你拥有自信，拥有信念，你就能开创出属于自己的命运。

人生不是一成不变的，期间会有许多变数，没有谁能保证自己的一生能够一帆风顺，也没有谁能预知到未来的坎坷和挫折。既然我们无法预测到未来，我们能做的就是用坚定的信念为自己的人生掌舵，挖掘自己的潜能，为自己的人生创造不一样的明天。

如果一个人没有信念，那么他的人生必定是一团糟。有了理想而没有信心，那就只能变成空想；有了目标而没有信心，就无法坚定地前进。到最后，只能是在浑浑噩噩中，过完毫无成就可言的一生。所以，要想让自己不至于一事无成，就要更自信一点。

不值得定律：只做值得做的事情

不值得定律，通俗地说就是不值得做的事情，就不值得做好。这个定律其实反映了一种普遍的心理，就是说一个人如果认为一件事情不值得做，就不会用心去做，甚至会对这件事情冷嘲热讽，敷衍了事。当然，用这种态度来做事很难有成功的可能，即便成功了，也不会对成功有什么喜悦。

这个定律看上去比较简单，但也揭示了一定的道理，给我们指明了道路：值得做的事情就去做好。当我们遵循这一原则去做事的时候，会发现，当我们被客观环境与主观意见左右，不知道该激流勇进还是随波逐流的时候，这个定律会给我们指明方向，让我们不至于太过被动。那么什么是值得做的事呢？总的来说，就是那些符合我们的价值观、适合我们的个性与气质，并能让我们看到期望的事。

不过在日常生活中，有太多的人因为各种原因做了不值得做的事，结果就是事情没有做好，也浪费了自己的时间和精力。

小梁是一名摄影爱好者，在当地小有名气。他最热衷做的事就是用镜头记录下生活中的点点滴滴，因此，在拍摄的时候，小梁格外认真，力求将最好的瞬间永远留下来。后来，一家杂志社聘请他做杂志社的专职摄影师，他出色的摄影技术为杂志社拍摄了许多高质量的照片。因为才能出众，社长打算提拔他做杂志社的中层管理人员。

这件事让小梁有些苦恼，因为他更喜欢的是摄影，而且他也知道自己并不具备管理的才能，他更愿意拿着摄像机去拍杂志需要的照片。因此，在接到这个命令之后，小梁并没有多开心，但是碍于领导的面子，小梁还是硬着头皮上任了。

也许是小梁把事情想得过于简单了，在管理的职位上，小梁才发现，自己确实不适合做管理，而且他的兴趣完全不在这方面，所以工作做得一塌糊涂，差点被杂志社开除。

小梁之所以会把工作做得一塌糊涂，是因为他做了不值得做的事情。这份工作和他的价值观并不相符，让他看不到希望。所以，工作起来，他也是敷衍了事，结果自然是不尽如人意。

所以，当遇到不符合我们的价值观、不适合我们的个性气质而又看不到希望的事情，最好立即停止。要去做那些值得我们做的事情，就像著名指挥家伦纳德•伯恩斯坦所说的："选择你所爱的，爱你所选择的。"

伯恩斯坦是世界知名的指挥家，但是在他内心深处，他更加热爱作曲。年轻的时候，伯恩斯坦和美国最有名的作曲家和音乐理论家柯普兰学习作曲，附带学习指挥。他在创作方面很有天赋，也写出过一些非常出色的曲子，他的名声在美国日渐高涨。就在他想继续在作曲方面有进一步发展的时候，美国纽约爱乐乐团指挥发现了他在指挥方面的才能，他力荐伯恩斯坦担任该乐团的常任指挥。在这个乐团里，伯恩斯坦一战成名，在近 30 年的指挥生涯中，伯恩斯坦几乎成了纽约爱乐乐团的名片。

不过在伯恩斯坦内心深处，他最热爱的还是作曲，只要闲暇下来，他就会找一个僻静的地方，把自己关起来谱一谱曲子。虽然作曲的欲望一直在折磨着他，但是灵感仿佛已经不在眷顾他了，除了偶尔会被灵感撞击一下，伯恩斯坦更多时候是因为没有灵感而深深的苦恼和绝望。他在作曲方面的才华仿佛一下子枯竭了。

后来，伯恩斯坦曾说过：“我喜欢创作，可我却在做指挥。”这个不和谐一直在折磨着伯恩斯坦。虽然他一次次在舞台上接受观众的鲜花和掌声，但是他的内心却有着深深的遗憾。

所以说，伯恩斯坦在事业上虽然是成功的，但是他大半辈子却活在了矛盾和苦恼中，直到最后也是带着深深的遗憾离开了人世。

伯恩斯坦的经历告诉我们，“选择你所爱的，爱你所选择的”，只有这样，才更能激发我们的奋斗精神，让我们更有努力的动力。

很多时候，不值得做的事情就像鸡肋一样，食之无味，弃之可惜，让我们无所适从。很多人选择了不值得做的事情，但是又不好好做，得过且过。被这种态度左右的人看起来忙忙碌碌，但是却很少有成就。

成功的真谛就是抓住主要目标不放手。所以，要学会掌控自己，不要被无谓的事情纠缠。很多事情只不过是在浪费我们大家的时间、精力和生命罢了。一流的人做一流的事，不该做的事，千万别去做。很多时候，做一件正确的事情，要比正确地做十件事情重要得多。

塞利格曼效应：世上并没有什么绝境

塞利格曼效应是指人或者动物如果一而再再而三地失败就会对自己失去信心，认为自己对一切都无能为力，进而陷入无助的一种心理状态。生活当中，这样的例子不在少数。比如，那些经常遭遇失败的儿童、久病不愈的患者、无依无靠的老人。当这些人不管做什么事情、不管如何努力，最后都是失败的时候，他们就会觉得自己没有什么能力，什么事情都做不好，最后精神支柱也会瓦解，丧失斗志。最终连努力都会放弃，真正陷入绝望当中。

塞利格曼效应源于1967年美国心理学家马丁·塞利格曼以狗为对象做的一组实验：

实验一

塞利格曼把一条狗关在一个笼子里，笼子里有放电装置，通过这个装置会给狗施加电击。电击的强度并不大，不会伤及狗的性命，也不会让狗受伤，但是会让狗感受到电击的痛苦。

塞利格曼发现，这只狗在开始被电击的时候，反抗得非常激烈，拼命挣扎，想要从笼子里逃出来。但是经过再三的努力之后，它发现自己根本就无法从笼子里逃脱，挣扎的强度就逐渐降低了。

实验二

塞利格曼把这只接受过电击实验的狗放到另一个笼子里，这个笼子分为两部分，中间用木板隔开。木板并不高，狗能轻易跳过去。木板的一边有电击装置，另一边没有。塞利格曼把狗放到了有电击装置的一边。塞利格曼发现这只被电击过的狗在开始时惊恐了一阵，随后就趴在笼子里痛苦地忍受着电击，而没有尝试跳过木板逃脱电击。

实验三

塞利格曼把几条没有受过电击实验的狗，放到了有木板的笼子里，他发现这些狗都能轻而易举地从有电击的一边跳到另一边，逃离电击的痛苦。

塞利格曼把上述狗的绝望心理称为“习惯性无助”，我们称之为“塞利格曼效应”。

在日常生活中，许多人也会陷入到“习惯性无助”当中，尤其是长时间经历失败的人，他们就会觉得自己“这也不行，那也不行”，进而对自己失去信心，也就失去了奋斗的勇气。事实上，并非是我们真不行，而是陷入了“塞利格曼效应”当中。这种心理会让我们自设藩篱，从内心否定自己，认为失败的原因在自己身上，从而丧失再次尝试的勇气。

失败和挫折是非常正常的人生际遇，如果一个人一生都没有经历过失败，那么他的一生也是非常平淡的。要知道“失败是成功之母”，能够经得住失败考验的人，才能找到真正的自我，才能更加奋发向上。

德摩斯梯尼是古希腊著名的雄辩家。但是在刚开始学习演讲的时候，他不仅说话含糊不清，而且声音特别小，在演讲的时候还经常耸肩，他的演讲经常被周围的人嘲笑。在大家看来，他根本就没有成为一个演说家的资质。要知道，在古希腊要想成为出众的演说家，就必须具备一些必要的条件。比如，声音洪亮、发音清晰、姿势优美、富有辩才，但是德摩斯梯尼一样也不具备。

虽然被大家嘲笑，被他人否定，而且还多次被听众从台上轰下去，但是德摩斯梯尼从来没有放弃过成为一个演说家的梦想。为了能够发音准确，他向一些知名的演说家求教；为了纠正发音，他每天都会跑到山上，嘴里含着石子练习，牙龈都被石子磨破；他还跑到海边，迎着海风大声讲话；为了演讲时不出现气短，他一边爬山一边朗诵诗歌；为了改掉耸肩的毛病，他甚至在肩头悬挂了一把剑……

在练习演说期间，德摩斯梯尼的文学修养、政治意识得到了极大的提高。经过十年的努力，德摩斯梯尼成为了出色的演说家，他的演说总能引起轰动，他的演说词也被集结出版，被争相阅读，影响了众多的演讲爱好者。

巴尔扎克曾说过：“不幸，是天才进升的阶梯，是信徒的洗礼之水，是弱者的无底深渊。”我们无法回避失败，也不能避免挫折，但我们无论如何都不能在挫折和失败面前颓丧、妥协，我们要有坚强的意志，因为世上并没有什么绝境，只要我们敢于坚持，就一定能够走出困境，迎来崭新的明天。

我们都知道，绝望是成功最大的障碍，有些人在屡次失败之后就陷入绝望的情绪当中，觉得自己没有能力，不可能取得成功，结果就真的一事无成。但事实上没有谁是一无是处的，正所谓“天生我材必有用”，总有适合你发挥的事业。因此，任何人都不要认为自己陷入了绝境，更不能绝望。

临界点效应：请再多坚持一会

我们都知道这样一个常识：冰在超过0℃之后就会化成水，水在超过100℃之后就会变成水蒸气。在物理的世界里，这样的临界点有很多，在这些临界点的前后物质的状态和性质会发生很大的变化。在物质的状态和性质发生变化的过程中，刚开始的时候很难发现变化的痕迹，但是当温度或者其他外在因素等达到一定的标准之后，也就是达到临界点之后，就会生成新的物质。其实，在人生中也会出现很多临界点，当你坚持住了，度过临界点，人生将会是另一番风景。这就是“临界点效应”。

关于“临界点效应”，有一句阿拉伯谚语是这样说的“压垮骆驼的最后一根稻草”。这则谚语出自一个寓言故事：

一个阿拉伯人有一头老骆驼，老骆驼每天任劳任怨地干活。一天，主人想知道老骆驼到底能驮多少货物，于是就不断往骆驼背上装货物，不停地装，但是老骆驼还是没有垮。最后，主人想看看是不是到了骆驼的极限，于是在骆驼背上又放上去一根稻草。没想到，老骆驼轰然瘫倒在地。我们都知道，一根稻草的重量微乎其微，但是当骆驼的承受力到了临界点的时候，一根轻飘飘的稻草就足以把庞大的骆驼压垮。

在这个世界上，任何事物都有它的临界点，而临界点也是事态发展的转折点。向前一步，越过了临界点，就会有不同的收获。古语有云：“行百里者半九十。”意思是说，一百里路，走了九十里才算走了一半。其实就是告诉我们，越接近成功的时候越困难，越需要我们坚持下去，跨越“临界点”。

在美国华盛顿山顶的岩石上，有人在上边立了一块标牌，这块标牌是为了提醒后来的登山者，这里曾是一位女登山者倒下去的地方。

这为女登山者当时在寻找庇护所。但是很遗憾，她倒下去的地方离庇护所只有一百步的距离，如果她能再坚持走一百步，她就能活下去。

生活中，我们也遇到过跨越“临界点”的体验：当你登山的时候，会有一段时间觉得筋疲力尽，抬不起腿，不想再往上爬一步。但是当你坚持下去，你就不会觉得难受，反而会觉得舒服起来，也会发现登山的乐趣。在长跑比赛的时候，也会觉得筋疲力尽，腿像灌了铅一样，迈不动，但是坚持下去，你就会发现呼吸会顺畅起来，腿也像是自动跑起来，终点仿佛也就不远了。

不管是爬山还是跑步，都会出现临界点，这个时候我们只能选择咬紧牙关坚持下去，因为停下就意味着放弃，也意味着失败。只有坚持下去，挺过临界点，才能进入一个新的境界。

爱•罗赛尼奥是第七届国际马拉松赛冠军。在从领奖台上下来之后，有记者问他：“是什么力量让你坚持了下来，并拿到了冠军？”

罗赛尼奥想了想，然后给记者讲述了发生在自己身上的一件事：上中学的时候，罗赛尼奥曾参加过学校举行的10公里越野赛。开始的时候，罗赛尼奥跑得很轻松，但是慢慢的，他觉得越来越累，腿变得非常沉重，汗流浃背、气喘吁吁、脚底发虚，他很想停下来休息一下，补充点水分。这时候，一辆校车开了过来，这辆校车是专门沿着赛跑路线收容那些受伤或者跑不动的选手，罗赛尼奥也很想到校车上去休息，以此结束这看不到终点的比赛，但是他最终忍住了。

罗赛尼奥继续坚持着，又跑了一段距离，这时候他感到眼睛开始模糊，胸口发闷，好像被什么东西堵住了一样，双腿像灌了铅一样沉重，停下来休息的欲望更加强烈。而在这时候，又有一辆校车开了过来，罗赛尼奥还是忍住了没有上车。

他自己也不知道又跑了多久，这时候一个小山坡出现在他面前，罗赛尼奥已经眼冒金星，两条腿仿佛已经不是他的了。这个时候让他爬上这个小山坡，并不比登上珠穆朗玛峰轻松。这个小山坡让罗赛尼奥感到绝望，他想到了放弃，等一辆校车开过的时候，他没有犹豫就上去了。但是接下来的一幕让罗赛尼奥非常后悔，因为校车翻过小山坡，就到了终点。如果自己再能坚持一分钟，那将是另外一番情形。

从此以后，每当有泄气的时候，他都会告诉自己，再坚持一分钟，终点就在眼前了。

很多时候，失败和成功只有一步之遥，只要我们咬紧牙关坚持住这一步，成功就唾手可得。所以，不管遇到什么样的困境，我们都要坚持，再坚持，因为成功就在下一分钟。

比伦定律：失败也是一种财富

美国考皮尔公司前总裁F•比伦曾说过："失败也是一种机会。如果你在一年之内不曾有过失败的记载，那就表示你未曾勇于尝试各种应该把握的机会。"这就是著名的比伦定律。说到失误，我们每个人都会经历。区别是，有的人不怕失误，他们能从失误中汲取经验，从而进步；但是有的人却会自怨自艾，结果裹足不前。

其实失败并不可怕，因为失败是一件很正常的事情。因为不管是谁，也不管他从事哪个行业，都会经历失败。另外，一个人如果想获得成功，就必定会经历比伦定律。

全球知名的日用品消费公司宝洁曾流传着这样一条不成文的规定：宝洁公司的员工如果在三个月之内，没有出现任何差错，公司不会因为你自认为的杰出表现而给予嘉奖，相反，公司反而会视你这三个月的工作不合格。对于这条规定，很多人都无法理解。宝洁公司全球董事长白波先生这样解释："这证明这名员工在这三个月的时间里什么都没有做。"

宝洁公司的这条规定无疑是对"比伦定律"最好的解释。不管是在生活中，还是在工作中，我们都在追求完美和成功，这无可厚非，不过在追求完美和成功的过程中，会不可避免地遭遇挫折、失败，只有那些能够从挫折和失败中总结经验教训，把失败当作机会的人，才有可能收获完美，取得成功。

亚伯拉罕·林肯，是美国历史上第16任总统，也是美国历史上最伟大的总统之一。他51岁就任美国总统，不过在就任美国总统之前，他的经历却非常坎坷。

7岁的时候，一家人被赶出居住地，经过长途跋涉，穿过茫茫荒野，才找到一个可以栖身的窝棚。

9岁的时候，年仅37岁的母亲去世，之后，他一路跌跌撞撞长大成人。

22岁的时候失业，他想要自己做生意，很不幸，最后他亏得几乎血本无归。于是，他想进入政界，做一名出色的政治家。在这之后，他开始为竞选州议员做准备，但是情况依然糟糕，他竞选州议员失败了。

24岁的时候，他终于创办了自己的企业，但是由于经营不善，不到一年的时间，企业就破产了，为了偿还欠债，他不得不四处奔波，整整花费了17年的时间才把债务还清。

25岁的时候，他再次竞选州议员，这一次他竞选成功了，并且有了未婚妻。可是不幸的事情再次发生，在他们要结婚之前，他的未婚妻不幸去世，这让他悲痛不已，一度崩溃到不能自已。

29岁到31岁这几年间，他调整好心态，准备竞选州议会议长、国会议员，但最后全都失败了。

37岁的时候，他终于竞选国会议员成功，他自认为在就职国会议员的时候很称职，他也相信选民会继续支持他，但是在两年任期满了之后，争取连任的时候却落选了。

47 岁和 49 岁的时候，他曾两次想要竞选美国副总统一职，但却未能如愿。直到 51 岁的时候，他才当上美国总统，而且成为了美国历史上最伟大的总统之一。

我们都渴望成功，也把成功看得非常重要，“成王败寇”“不成功便成仁”“一将功成万骨枯”等，无不说明我们将成功看得有多亘要，对失败又多么的畏惧。但是失败就真的一无是处吗？其实不然，因为没有谁能随随便便成功，要知道“不经历风雨，怎能见彩虹”。没有谁能一帆风顺地度过一生，也没有几个人能平步青云，人的一生总会经历或多或少的失败，而那些有大成就的人从来不畏惧失败，因为他们懂得从失败中汲取教训，以便在下次避开相同的错误。

我们知道，伟大的发明家爱迪生一生发明无数，但是他在成功之前更是失败无数。他曾经为了一项发明做了几千次实验，一直到实验成功。也就是说在这项发明成功之前，他失败了几千次。但是爱迪生却不认为自己的失败毫无价值，而是说：“我没有必要为了这几千次的失败而沮丧，因为这几千次的失败让我知道这些实验是行不通的。”这就是爱迪生对失败的态度，也是他成为伟大发明家的基础，因为他的一次次成功都是建立在一次次失败上的。

每个人在成长的路上都不免犯错，只有不断在失败中反思，才能不断完善自己，才能不断获得更好的成长机会。因此，失败对我们来说也是一种财富。

瓦伦达效应：患得患失更容易失去

瓦伦达效应是一个著名的心理学论断。这个论断来自一起真实的事件：

瓦伦达是美国著名的高空走钢索表演艺术家，一生有过无数次精彩的表演，从来没有出过事故，他高超而稳健的技术为他赢得了众多的粉丝。一次，演艺团要为重要的客人献技，演艺团决定派他上场，瓦伦达知道这次表演的重要性，因为台下的观众都是美国知名的人物。这一次成功不仅仅将奠定自己在演技界的地位，还会给演技团带来前所未有的支持和利益。因而他从前一天开始就一直在仔细琢磨，每一个动作、每一个细节都想了无数次。

演出开始了，瓦伦达没有系上保险绳，这么多年他一直没有系保险绳的习惯，因为他从来没有出现过失误。但是这一次却发生了意想不到的事情，瓦伦达刚刚走到绳索中间，仅仅做了两个难度并不大的动作，就从钢索上摔了下来，最终不治身亡。

事后，他的妻子很悲痛地说："我就知道这次一定会出事，在表演之前，他就一直在念叨'这次太重要了，一定不能出错，不能失败'，以前在表演的时候，他只是想着走好钢丝这事的本身，不去管这件事可能带来的一切。这一次，他太渴望成功，太害怕出错，以至于注意力不在表演本身上了，于是有些过于患得患失。如果他不去想表演以外的事情，以他的技术和经验，这次表演不会出事情。"后来，心理学家就把这种为了达到某种目的而患得患失的心态称作"瓦伦达效应"。

这个心理学效应给我们的启示是：当我们在做某一件事情的时候，要专注于事情本身，而不要去太过在意事情本身之外的内容，更不能患得患失。

但是在生活和工作当中，我们却经常被"瓦伦达效应"影响。因为太在乎一件事情，就会想得太多；过于在乎事情发展的后果、在乎其他人的看法和说法、在乎将来会发生的一切，反而忽略了事情本身。我们的内心被这些琐碎的"在乎"填得满满，又怎么能装下事情本身呢，如此一来，我们又怎能把事情做好。

前些年，泰山队有一个前锋，在赛季里他很少能够进球。并不是因为他在门前没什么机会，而是有太多的机会他没有把握住，即便是千载难逢的机会，他也很可能会把球打到门框上或者踢到门外边。事实上，就连一些外行都能看出来，有一些球，他只要轻轻碰一下，球就会滚进球门，但是他却能把球踢到门外，要知道，把球踢到门外要比把球踢进门还难。以至于有一个记者给他“支招”：当你感觉到往门外实在不好打时，就往门里打！

这名前锋之所以会出现这样的失误，就是瓦伦达效应在作怪。因为他太想进球，太想立功，太想赢得比赛了。当他在球门前接到传球之后，他的脑子里净是一些踢球之外的东西，他被严重干扰了。

美国斯坦福大学的一项研究表明，人的大脑里产生的情况会和现实中发生的真实情况一样，能有效地刺激神经系统。就像泰山队的那个前锋，他在射门的时候一再告诫自己：“千万不能射偏。”而他的大脑里就会下意识出现球被踢偏的影像，最终的结果就是把球踢偏。可见，太过在意一件事情，通常会牵涉到我们过多的精力，让我们忽视过程，导致不好的结果出现。

我们都会有情绪不稳、注意力不集中的时候，注意力不集中，做事情就不会专注，这时就很难把事情做好。所以，我们在做事情的时候，要关注事情本身，集中注意力，这样才能把事情做圆满。

在日常生活当中，我们要面对各种各样的压力，要想集中注意力并不容易，这也就导致我们在很多时候不能把事情做到完美。瓦伦达效应告诉我们，成功的前提就是专注。不管我们在做什么事情，都要把注意力放在事情本身，而不应去考虑事情的结果，也不要去考虑事情的结果会给自己或者他人带来什么影响。当你专注于自己所做的事情时，成功已经在你全神贯注时就确定了。法拉第曾说过：“拼命去换取成功，但不希望一定会成功，往往会成功。”

因此，我们也要考虑事情意外的结果，但这不能成为我们关注的重点。我们要尽量保持平常心，排除其他因素的干扰，把注意力放在眼前的事情上，只有这样才能做到一心一意，才能触摸到成功。

特里法则：不要害怕犯错误

特里法则讲的是美国田纳西银行前总经理特里提出的一句管理名言：“承认错误是一个人最大的力量源泉，因为正视错误的人将得到错误以外的东西。”

俗话说：“金无足赤，人无完人。”吃五谷生百病，我们不是神，总会有不足的地方，也总难免会犯错。但是在犯错的时候，我们通常会想着如何来掩饰自己的错误，因为我们觉得承认错误是一件很没有面子的事情。

事实上，承认错误并不丢脸，而且在某种程度上说是一种敢于承担责任的、带有“英雄色彩”的行为。另外，能够及时承认错误，也更有利于错误得到纠正。还有，相比被别人提出批评之后再承认错误，主动承认错误更容易得到别人的谅解。当然，承认错误也不会让其他人瞧不起，也不会毁掉自己的前程。相反，如果拒不认错，不愿承担责任，反而会阻碍成功。

布鲁士·哈威是一家公司的财务人员，有一次，他错误地将全额工资发给了一个请病假的员工。在发现这个错误之后，哈威第一时间找到了这位员工，解释了错误并表示要纠正。哈威表示，自己会在下次支付薪水的时候减去这次多支付的部分。但是这位员工却表示这样会给自己带来严重的财务问题，他恳请能够分期还清这部分钱。但是这样，哈威将无法向老板交代，而且他也要先得到老板的核准。当然，哈威也知道这样做会让老板很不满，但是他还是决定向老板说明情况。

于是哈威找到了老板，把详细情况告诉了老板，并表示这一切的混乱都是自己造成的。老板听了之后大发雷霆，先是不满人事部门和会计部门的疏忽，又指责哈威的两个同事做事不仔细。在这期间，哈威一直解释这次失误是因为自己的过错，和其他人无关。最后，老板看着哈威说道："确实，这是你的过错，现在你把这个错误改正过来。"就这样，这个错误被纠正了过来，而且也没有谁有什么损失。相反，在这之后，哈威的老板更加器重他了。

当一个人勇于承认自己的错误时，能在心理上获得某种满足感，也能让隐瞒错误的负罪感消除，还能让自己不再因为过度防卫而紧张。当然，承认错误更直接的好处是有利于问题的解决。

卡耐基有一条叫雷斯的小狗，他经常带着这条小狗到森林公园散步。因为这里人比较少，而且雷斯看上去并不凶，所以卡耐基就没有给它拴狗链和戴口罩。

这天，卡耐基像往常一样带着雷斯在森林公园散步，这时遇到了一名警察。警察喝止了卡耐基："你为什么不给你的狗系上狗链、戴上口罩，让它这样跑来跑去，你不知道这是违法的吗？"卡耐基不好意思地回答道："是的，很抱歉，我知道这是违法的，但是我不认为它会在这里咬人。"警察提高了声音："你不认为……法律不管你怎么认为，而且它还有可能在这里咬伤松鼠或者小孩。这次我就不追究了，如果下次再发生这样的事情，你就等着和法官解释吧。"卡耐基满口答应，但是雷斯不喜欢戴口罩，而且卡耐基也不喜欢。

一个星期之后，卡耐基再次和雷斯来到森林公园。很不巧，他又遇到了那名警察，不过这次卡耐基没等警察开口，就连忙上前说道："先生，这下被您当场逮到了，上个礼拜您刚刚警告过我，如果再不给小狗系上狗链，戴上口罩，您就会处罚我。"没想到，警察并没有像上次一样大吼，反而很温和："好说，其实很多人都会在没人的时候带上小狗出来溜达。"卡耐基接着说道："我确实没有忍住，可我还是错了。"警察反而开始安慰卡耐基："你可能把事情想得太严重了，这样吧，你带着小狗跑过那个山坡，到我看不到的地方就没事了。"

这就是主动承认错误的力量，它能带给我们错误以外的东西。

歌德说过："最大的幸福在于我们的缺点得到纠正，我们的错误能够及时补救。"达尔文也说过："任何改正都是进步。"即便是圣人也会犯错，再成功的人也经历过失败，但是只要我们敢于承认错误，就能从失败中汲取教训，也就能以崭新的心态、面貌继续前行。因此，不管是在工作中，还是生活中，我们都不应该隐瞒自己的错误，要勇敢地承认错误，并把错误当作前进路上的垫脚石。如此，我们才能在未来取得不一样的成就。

豁达效应：退一步海阔天空

豁达，通俗地说就是心胸宽阔。豁达的人对世俗中的消极影响有极强的免疫力，对于外人中伤、诋毁、冷嘲热讽、打击报复，对于受到的不公正待遇，他们都能坦然面对，不为所动。可以说豁达是一种为人处世的艺术，从古至今人们留下了许多关于豁达方面的诗句、警句。《菜根谭》："宠辱不惊，闲看庭前花开花落；去留无意，漫随天外云卷云舒。"意思是说：为人做事能视宠辱如花开花落般平常，才能不惊；视职位去留如云卷云舒般变幻，才能淡然处之。诗仙李白也有"且乐生前一杯酒，何须身后千载名"这样豪迈的诗句；宋代大词人苏轼也留下了"芒鞋不踏利名场，一叶轻舟寄渺茫"这样洒脱的诗句。

美国著名的健康心理专家戴维•迈尔斯博士曾对幸福进行过分析，

他认为幸福需要具备十项因素：拥有健全的身体和体魄、切合实际的愿望和目标、乐观、控制情感、自尊、豁达、合群、益友、挑战性的工作和消遣性的活动、团队意识。可见，在心理学家看来，豁达也是一个人幸福的必要因素。

俗话说："忍一时风平浪静，退一步海阔天空。"能够化干戈为玉帛者必是胸怀坦荡之人，能够化仇恨为友情的人必是胸怀宽阔之人。所以说，平息怨恨能让我们获益良多。

宋代有个叫娄东顾的人，勤奋好学，很有学识，而且品行端正，修养很好，在邻里之间威望很高。娄东顾为人处世，待人接物和蔼有礼，从来不会对人恶声恶气，所以乡人都很敬重他。

有一天夜里，一位邻居喝醉了酒，来到娄东顾家门前纵声恶骂。仆人将这件事告诉了娄东顾，娄东顾却说："他骂他的，与我何干？"喝醉酒的人有指名道姓的辱骂娄东顾，仆人再次将事情告诉娄东顾，娄东顾却说："天下同名同姓的人何其多，又怎知是在骂我呢？"并不在意。

第二天，那名醉酒的邻居酒醒后，非常惭愧，专门登门谢罪，娄东顾反而好言安慰。如此宽广的胸怀在当地传为美谈，大家对他更加敬重，并且互相劝诫，一起向善。

不管是生活中还是工作中，我们都要和人打交道，在这过程中，就不免和他人产生矛盾、冲突。对于矛盾和冲突，有的人能心平气和的解决，有的人则会和对方爆发激烈的冲突。归根究底，是由一个人的度量所决定。

在日常生活中，我们时常能见到争吵、打斗的场面，这些争吵可能是因为一句话、一个动作甚至仅仅是一个眼神。这些看似不值当的事情却让双方大动干戈，非要争出一个输赢。殊不知，即便在争执中赢了，但也耗神费力，还会因为斗气而让自己情绪不稳，说到底并没有所谓的赢家。所以，在日常生活中，切记要宽容、包容，学会忍让，不争一时之快。

《三言二拍》中有这样一个故事：

有一个老翁，家里是开典当行的。有一年年底的时候，一个人来到当铺里说要赎回当在这里的衣物，不过这个人是空着手来的，掌柜不同意，他就破口大骂。事情惊动了东家，老翁从后边走出来，对他说："你只不过是为了过节而发愁，实在没有必要为了这点小事争执。"然后吩咐掌柜把老汉典当的衣物拿出来，并指着里边的一件棉衣说："这件衣服给你用来御寒，不能少。"又指着一件衣袍说："这件衣服给你拜年用，其他用不到的暂且放在这里。"这个人拿了衣服转身离开。当天夜里，这个人死在了另一家当铺里，而这家人则和这家当铺打了很多年官司，致使那家当铺倾家荡产。

原来，这个人在外面欠了很多钱，他本来想要敲诈老翁，但是老翁的豁达宽容致使他没有得逞，于是他就去了另一家当铺，祸害了对方。后来，有人将这件事告诉了老翁，老翁就说："这种无理取闹的人往往有所持，如果在小事上不能忍让，必定会给自己招来大祸。"

因此，在和人交往的时候不要事事较真，也不要把所有的鸡毛蒜皮的小事放在心上，也不要把名利得失放在心上……要学会宽容，学会忍让，要知道退一步海阔天空，人生会更加自在。

第三章

缺点吸铁石：不完美才有好人缘

有意思的是，那些完美无缺的人在社交场上往往并不受欢迎，大家对他们往往远而敬之；相反那些有小缺点、小缺陷的人更容易赢得好感。

互悦法则：好感通常是相互的

互悦法则，也叫互悦机制，被称作对等吸引率，和我们平常说的两情相悦是一个道理，这在人际交往中是一种非常常见的心理规律，通俗点说，就是你喜欢他，他也喜欢你。在人际交往中，如果想让对方认同你、喜欢你，同意你的观点，你就要尝试着去喜欢对方，认可对方，在心理上接受对方。

《诗经》中有："投之以桃，报之以李。"《圣经》中也有："你希望他人如何对待你，你就要如何对待他人。"这种现象在生活中比比皆是，在和他人交往的时候，如果你表现出了赞赏、喜欢对方，对方也会认可、接受你，在你遇到困难的时候，他们也会主动帮助你。

上个世纪八十年代，美国一所大学的心理学博士做过一项实验。他们让两个实力相当的保龄球队伍进行比赛，比赛一共进行三天。第一天比赛结束之后，两队的成绩相差无几。不过比赛结束之后，教练对两个队的队员说的话有很大的区别。他对甲队的队员说："你们很棒，今天的成绩很不错，明天继续加油。"但是对乙队队员，这位教练则训斥他们发挥的一塌糊涂，简直是垃圾水平。

教练不同的态度对两队队员产生了不同的影响。受到了表扬的甲队，和教练有说有笑，而且气势很盛。乙队的队员则很沮丧，对教练也很不满，比赛也越打越糟。

三天很快过去了，甲队队员对教练赞不绝口，认为他水平非常高，教会了自己很多东西。但是乙队队员对教练的评价则一无是处，认为他是最糟糕的教练。其实教练教给两队队员的内容一样，两队队员对教练的态度之所以有这么大的差距，就是“互悦法则”在作祟。

这个实验很好地说明了“互悦法则”，也就是说，在人际交往中，人们对于自己喜欢的人提出的要求、给出的意见更容易接受。人与人相处，要讲究以心换心，正所谓：“爱人者，人恒爱之；敬人者，人恒敬之。”在人际交往中，我们都希望被人喜欢，这是人之常情，但是我们也要记住，好感通常是相互的，感情也讲究礼尚往来。如果你想让对方对你有好感，你首先要对对方有好感，如此才能影响对方。

吕晓是一家广告公司的设计人员。

这天，下班时间快到了，一名客户走进了他们的办公室，说道：“我现在需要大家帮我一个忙，大概需要一个小时的时间，我也知道大家快下班了，不知道谁愿意留下来帮帮我。”客户说完之后，办公室里鸦雀无声，客户很尴尬地站在那里。

吕晓连忙站起来，微笑着说道：“乔老板，今天大家都比较忙，您别介意，这样吧，我手头上的活做得差不多了，我留下了看看能不能帮到您。”

一个多小时之后，工作终于忙完了，乔老板问道：“我应该付给你多少钱？”吕晓还是面带微笑，说道：“乔老板，我们都是老熟人了，这点忙谈钱就见外了。而且我很敬佩您，也很愿意为您效劳。”乔老板拿出几百元往吕晓手里塞，被吕晓推辞了。乔老板又提出请吕晓吃饭，吕晓也看出乔老板有急事，再次婉拒了。虽然吕晓拒绝了乔老板的好意，但是乔老板对他却留下了深刻的印象。

两年之后，吕晓从原来的公司离职，打算到更有实力的公司求职时，却接到了乔老板的电话。乔老板邀请吕晓到自己的公司做企划经理，给出的条件也非常优厚。

吕晓对乔老板的援手，让他在两年后得到了优厚的回报，这也算是无心插柳柳成荫，这就是“互悦法则”的魅力。在人际交往中，那些高手们深谙此道，他们总能适当地透露出自己的好感，表达出自己对他们的关心和爱护。正因为如此，其他人也会对他们表现出同样的态度。这就是人际交往中的两情相悦、投桃报李。所以，在日常生活当中，记得多帮助他人，多对他人表露好感，对方一定会记得你的好，并在适当的时候回馈于你。

其实每个人都有值得称赞的地方，只要你细心观察就一定能有所收获，然后对这些“地方”加以称赞，必定能收获良好的人际关系。毕竟，你是怎么对待别人的，别人就会怎么对待你。友善会孕育出友善，你喜欢他，他才会喜欢你。

刺猬法则：人人都需要安全空间

行为生物学家曾做过一个实验：

寒冷的冬季，生物学家把十几只刺猬放在了外面。冷风瑟瑟，刺猬们被冻得瑟瑟发抖，为了取暖，它们不得不靠在一起。但是一旦靠近，它们身上的刺就会刺痛对方，不得已它们只能远离彼此。但是寒冷的天气让它们又再一次靠近，刺痛则让它们再次分开。反复试验几次之后，这些刺猬终于找到了合适的距离——既不会刺痛其他刺猬，又能最大限度地温暖彼此。

这就是刺猬法则。的确，当刺猬靠得太近，就会刺痛彼此，但是离得太远，又会让它们感到寒冷。其实人与人之间的交往也是如此，要保持一定的距离，否则就会像刺猬一样，伤害彼此。这种“亲则疏”的现象不在少数。所以，人与人交往，要保持适当的距离。

“刺猬法则”也叫距离效应，说的是人与人之间也像刺猬一样，彼此有相互依靠的需求，但是也有互相伤害的可能。心理学家认为，每个人都有自我保护的本能，一旦有陌生的人靠近，就会本能生出警惕，保护自己。这就是说，每个人都有一个“心理领地”，不希望被其他人侵入，一旦有人侵入，他就会立即做出防御态势。就比如乘电梯的时候，很多人会选择双臂抱在胸前，仿佛要挡住一切外来的人和事物一般，这就是在保护自己的“心理领地”不受侵犯。

很多时候，我们会有这样的感觉，和自己特别熟悉的人在一起，彼此会很容易发生摩擦和矛盾，反而刚交往不久的人更容易相处。原本应该是甜蜜的情侣、和睦的家庭成员之间反而会相互抱怨，这就是因为彼此之间的关系过于亲密造成的。按理说交往越深，会越懂彼此，相处起来要更容易，然而事实并非如此。两个人相交得越深，也就越能关注到对方的缺点。这样反而会让双方逐渐改变自己的看法，越来越厌恶对方。这就是为什么有很多夫妻会反目，恋人会分手。归根结底，就是“刺猬法则”在作祟，他们没能保持住合适的距离。

张扬和小艳是同一家公司的员工，后来两个人相恋了。每天一起上班，一起下班，一起吃饭，恨不得每时每刻都在一起。同事们都说他们是黏在一起的一对，舍不得分开一会。

但是最近两个人却分手了，这让单位的同事很不解，一直以来，两个人好得就像一个人似的，怎么会说分手就分手。同事之间也不好随意询问，只是为他们感到惋惜。

后来在一次聚会的时候，张扬喝醉了酒，这才将两个人分手的原因透露出来。原来，刚开始的时候，两个人确实非常喜欢对方，认准了对方就是自己的另一半，是自己下半生的伴侣，所以两个人就搬到了一起。

两个人的矛盾也就是从搬到一起之后开始的。搬到一起之后，张扬发现小艳并不是自己想象中的那么美好，她不会做家务，也不会照顾人。每天下班之后，两个人都想让对方做饭，结果就是互相推脱，最后只能叫外卖。

搬到一起之后，小艳也觉得张扬离自己心中的理想先生有很大的距离。张扬平时在公司打扮得干干净净，整整齐齐，但是在家里却不修边幅，非常不注意形象，经常把脚放在茶几上。并且经常在沙发上吃零食，零食碎屑经常掉进沙发缝隙里，弄得家里乱七八糟。

也正因为发现了对方隐藏起来的一面，两个人开始由甜蜜转为争吵，经常指责对方。争吵得多了，原本的喜欢也变成了厌恶。最后，两个人只能以分手收场。

在人际交往中，每个人都有很多不为其他人知晓的一面，这一面也可以说是一个人的私人领地，这块领地即便是对最亲密的人也不愿意开放。一旦这块领地受到了侵犯，对方必定会竖起“尖刺”，进行防御。所以，在日常交往中，要想和对方保持良好的关系，就要注意保持恰当的距离。

当然，“刺猬法则”并不是说人与人之间不需要交往、不需要交流，而是说人与人之间要有一个适当的距离。毕竟，人的社会属性决定了我们不能独立生存，必须相互依存，相互帮助。而且我们也渴望和其他人保持联系，以此来增加自己的实力。只不过这种关系要做到既亲密又不伤害彼此。

所以，我们才会像刺猬一样，寻找一个对彼此来说比较合适的距离。这个距离既不会因为离得太近而伤害到彼此，也不会因为太过疏远而不能给对方提供及时的帮助。所以说，“刺猬法则”对于我们处理人际关系非常重要，对我们有很深的指导意义。

缺点效应：不完美的人更受欢迎

仔细观察一下周围，我们会发现，那些非常受欢迎的人并不是那些德才兼备、能力非凡，非常完美的人，而是那些能力出众，但又有一些无伤大雅的小缺点的人。这就是心理学上的“缺点效应”。

有缺点的人之所以比那些看上去完美无缺的人更受欢迎，是因为他们暴露了缺点，等于暴露了不足，这更能引起其他人的兴趣，觉得他们并非高不可攀。如此一来，人们会觉得他们更加亲切，更加有血有肉，而不是不食人间烟火、与社会严重脱节。

有一家电视台曾经做过一期这样的节目，他们选了四段访谈录像，放给观众看。

第一段访谈对象是一个非常成功的人士，他形象完美，谈吐不凡，一切都显得非常自然，没有丝毫的不适，表现的非常自信。在和主持人的互动过程中，不时有精彩的表现，台下的观众也给他以热烈的掌声。

第二段访谈对象也是一个成功人士，不过在访谈的过程中，他有一些紧张，而且表现得有些羞涩。在和主持人互动的过程中还出现了几个小失误，其中一次还把茶几上的咖啡打翻，咖啡还洒到了主持人的裤子上。虽然他表现的差强人意，但是观众还是给了他热烈的掌声。

第三段访谈对象是一名普通的工人，他没有前面两位成功人士的成就，可以说他是一个普普通通的人。在台上，这位工人和主持人互动的时候虽然没有紧张，但是也没有什么出彩的言论，观众对他的反响也很平淡。

第四段访谈对象也是一名普通工人，也没有什么让人惊叹的成就。但是在整个访谈过程中，他表现得非常紧张，说话也结结巴巴。同样的，他也把咖啡打翻了，咖啡也洒到了主持人的裤子上。

事后，电视台对观众进行了一次问卷调查——让他们从四个人当中选出最喜欢和最不喜欢的。在最不喜欢的人当中，人们一致认为第四个访谈对象最不受欢迎，因为他太怯懦。但是在最喜欢的人选中，大家并没有选择表现最好的第一位，而是选择了把咖啡打翻了的第二位，几乎 95% 的观众都选择了他。

观众之所以会选择第二个访谈对象，就是“缺点效应”在作怪。第二位访谈对象也是一位成功人士，但是在和主持人、观众互动的时候他有些羞涩，甚至打翻了咖啡。这些小缺陷的暴露不仅没有使他的形象受损，反而让观众更加喜欢他。对此，心理学家解释说：“暴露缺点能达到两个目的：一是会让其他人觉得他也是一个普通人，会觉得他更好相处，更好交流；二是会让人们觉得他比较真诚不做作。”其实人们普遍有这样的心理，如果一个人表现得太过完美，人们就会觉得这个人在装，很不真实。而缺点的暴露会让人们觉得他们真诚、真实，和他相处不会觉得压抑、自卑。

同样的事情也发生在有“韩国国民第一女神”金泰熙的身上。金泰熙容貌、学历、家世，样样出众，可以说是韩国民众心中的偶像，但又觉得她高不可攀。甚至有的民众觉得她是神一样的存在，是一个高高在上、不好相处的人。

有一次，金泰熙接受电视台的采访，采访她的是一个著名的主持人。这位主持人看到民众心中的“女神”也不免紧张。

金泰熙可能是看出大家的紧张，落座之后主动爆料：“其实我并不像大家想象得那么完美，生活当中我也有许多毛病，擤鼻涕也会有声音；而且我也有自卑的时候，看到别人比自己好，也会有嫉妒心；和弟弟相处的时候，如果有争执也会动拳头。”

金泰熙的话刚说完，台下的观众轻松了许多，主持人也放松了很多，说道：“我们的泰熙也是非常可爱的普通人。”在接下来的访谈中，氛围非常轻松和谐。

金泰熙虽然自爆了一些小缺点，但是却赢得了大家的欢迎。

俗话说：“金无足赤，人无完人。”一个人有点小缺点无伤大雅，也不是什么见不得人的事。而这些缺点反而会让我们更加真实，更加有血有肉，所以，我们没必要去刻意掩饰自己的缺点。另外，暴露缺点也是在淡化自己的光芒，会让那些原本不敢亲近我们的人主动接近我们。相反，那些极力想把自己塑造成完美的人，想让自己高高在上的人反而处处透着虚假，让人疏远。

当然，暴露缺点也要把握好尺度，以免偷鸡不成蚀把米，反而让对方厌恶。

南风效应：待人温暖一点

法国古典文学代表作家让·拉封丹曾写过一则寓言《南风和北风》：

南风和北风比试威力，看谁能让行人把身上的大衣脱掉。北风首先发威，刮起了刺骨的寒风。行人为了保暖，不仅没有把大衣脱掉，反而裹得更紧了。接着，南风开始徐徐吹动，顿时风和日丽，和风暖暖，行人觉得身上越来越暖，就解开了扣子，继而又脱掉了大衣。就这样，南风赢得了比赛。

这则寓言的寓意在心理学上被称为“南风法则”，也叫“温暖”法则，意思是说温暖胜于严寒，最有力的武器是爱和关怀。在人际交往中，那些人缘比较好的人大多比较温和，待人亲切，跟他们相处轻松自在，无拘无束，所以他们的人缘显得非常好。

俗话说：“感人心者，莫先乎情。”人与人相处需要互动，在互动的过程中，你怎么对待他人，他人就会怎么对待你。你给对方以温暖，对方也会回馈给你温情。所以，人与人相处要多一点“人情味”，多一点温暖，这样，人际关系才会更加和谐。

杨艳是公司有名的冷美人，待人接物总是冷冰冰的，让人有敬而远之的感觉，所以大家都不太愿意和她交往，但是小娜知道杨艳是个外冷内热的人。有一次小娜生病了，是杨艳把她送到了医院，并办好了各种手续，晚上还专门给她熬了汤送到医院。所以小娜认为杨艳只是不知道如何和人相处，并不是真的“冷美人”。

这天中午，在公司的茶水间，小娜遇到了杨艳，对杨艳说：“今天下班去我家吧，我好谢谢您那天把我送到医院，还那么照顾我。”杨艳依然用平时冷冰冰的语气说道：“没空，不去。”小娜虽然有些失落，但还是坚持道：“不管你去不去，我都会等着你的，艳姐。”正在转身的杨艳听到小娜的话，嘴角泛起了一丝笑容。

下班之后，小娜就回家了。杨艳则一直在考虑到底要不要去小娜家，她觉得小娜和其他人不一样。其他人在见识到自己冰冷的态度之后，都选择了远离，但是小娜却一直围在自己身边，每天嘻嘻哈哈，还时不时叫一声“艳姐”。说心里话，杨艳听到这个称呼的时候，心里也是暖暖的。踌躇再三，杨艳决定去小娜家里坐坐。

第二天，上班的时候，杨艳面带微笑走进公司，还给了前台一个甜甜的笑容。也许是平时过于冰冷了，前台愣在了一旁，不过很快就对着杨艳露出了笑容，而且主动递上了杨艳的快递。

受到了鼓励，杨艳微笑着和公司里的人打着招呼，大家也纷纷以微笑回应，还有几个同事连夸杨艳今天非常漂亮。同事们充满“爱”的回应让杨艳的心情大好，就连平时经常刁难她的客户，她也不再觉得那么讨厌了。

原来，昨天晚上杨艳和小娜聊了许多，小娜也建议杨艳改变待人接物的方式，对大家温和一些，比如先从微笑做起。杨艳也确实想改变一下自己，于是就接受了小娜的建议。

但是在现实生活中，很多人忽略了“温暖”的力量，他们为了显示自己的强大，显示自己的能力，总是摆出一副冷冰冰、拒人于千里之外的姿态，仿佛这样才会显得自己高不可攀。事实上，他们这样做只会让大家觉得他们不近人情，自然也就不愿意和他们交往了。

人和动物的区别就是人都渴望得到一种感受——被其他人接受，

而被温和的对待则是被接受最直接的体现。任何人都喜欢和对自己感兴趣的人交往，而对方的态度最能说明对方是否对我们感兴趣。当然，我们在和其他人交往的时候，也要用好“南风法则”，以情动人。

有道是：“良言一句三冬暖，恶语伤人六月寒。”很多时候，温暖的话语要比粗言秽语有力量的多。在人际交往过程中，我们要时刻关注我们的交谈对象，要关注他们的情绪、关注他们的态度，用温情来对待他们，这样才能被对方信任，让对方感到我们的真心。

当然，“南风法则”并非对谁都适用，在运用“南风法则”的时候，也要注意对象，并不是所有的人都值得你以“温暖”的态度来对待。对于那些不讲道理、没有廉耻的人，我们完全可以以怨报怨，不留情面。

边际效应：雪中送炭，胜过锦上添花

边际效应是一个经济学上的名词，它的基本内容是在一定时间内，在其他商品的消费数量保持不变的条件下，消费者从某种物品连续增加的每一个消费单位中所得到的效用增量，即边际效用是递减的。

举一个简单的例子，如果一个饥饿的人需要吃 4 个馒头才能填饱肚子。他在吃第一个馒头的时候，会很明显感觉到饥饿感在减少，也就是说边际效用在这个时候是最大的；在吃第二个、第三个馒头的时候，饥饿感的缓解会越来越不明显，也就是说边际效用在逐渐减小；到了第四个馒头的时候，他其实已经八九分饱了，这个馒头其实已经可吃不可吃了。

边际效应在人际关系中的应用，可以看作是“雪中送炭”与“锦上添花”。我们都知道，“锦上添花”易，“雪中送炭”难。但是“雪中送炭”却更能满足一个人的需求，不管是心理上还是生理上。也就是说“雪中送炭”的边际效应更大，更能满足人们的需求，获得对方的好感。

其实不难理解，对于身处困境的人，“雪中送炭”甚至能改变他们的一生；相反，对于青云直上的人，同样的支持在他看来或许不值一提。所以说，“雪中送炭”的边际效应要远远大于“锦上添花”。

根据马斯洛的需求层次理论，我们知道，不管是在物质上还是精神上，人都有需求的。不过人的需求取决于他们已经得到了什么，以及缺少什么。只有那些尚未被满足的需求，对他们才更有激励作用。可能很多人会觉得得到的越多，越能让一个人兴奋，但很多时候却并非如此。

心理学家曾做过一个试验：

寒冷的冬天，他们找到了一个流浪汉，这个流浪汉衣衫褴褛，连一双靴子都没有，寒冷的冬天让他很是痛苦，他迫切需要一双靴子来御寒。这个时候，心理学家安排人给流浪汉送来了一双靴子。心理学家让这位流浪汉评价一下这双靴子。当然，这是别人不穿的旧靴子，而且样式也已经过时，而且靴子还有一些开线，穿在流浪汉的脚上还稍微大了一点。但是流浪汉却不管这些，他说这是自己最好的靴子，比别人的靴子都要漂亮。

接下来的几天，又有一些人陆续给流浪汉送来了更漂亮更暖和的靴子。心理学家让流浪汉再评价一下这些靴子，他发现，流浪汉给这些靴子的评价越来越一般。

这就是边际效应的一个直观体现。这个效应告诉我们，人们对物质价值的认识不是来源于物质本身，而是出自自身的需求，欲望得到的满足程度。对于同一种商品，人们心理上的满足感在逐渐降低，也就是商品的效用越来越小。当然，这种效应并非绝对。比如对集邮爱好者来说，最后一张邮票带来的满足感要远大于前面几张。

在人际交往中，雪中送炭和锦上添花都是感情投资的手段、二者都是给予对方，都是在做感情投资，但是由于投资的时机不同、对象不同，效果自然也就不同。

比如，你拿出一百元钱，送给一个饥肠辘辘的乞丐，可能会救他一条命，他自然会对你感激不尽；同样的一百元钱，如果送给百万富翁，他可能连看都不会看。如果让乞丐和百万富翁来评价这一百元的价值，乞丐可能会觉得它值 100，而百万富翁可能觉得它还不到 1。

这就告诉我们，在人际交往的时候，我们的付出也要讲究时机，并不是所有的付出都会换来对方的感激。比如，对方青云直上、风光无限的时候，我们的付出只能是锦上添花，并不会给对方留下什么印象；如果对方陷入困境、步履维艰，我们提供的帮助则会被对方铭记于心。所以说，在最恰当的时候伸出援手，才是最明智的感情投资。比如，在对方急需用钱的时候，拿出我们的积蓄帮助对方解燃眉之急，这就是“雪中送炭”，其效果要比“锦上添花”高出许多。

所以，与人相处，付出的时候也要运用智慧。边际效应告诉我们，同样的方法，只要使用的时机恰当，就能收到意想不到的效果，并帮助我们在人际关系的道路上越走越顺，让我们的人际关系越来越和谐。

多看效应：多见面的神奇效果

多看效应是心理学上的名词，意思是说对越熟悉的东西会越喜欢。多看效应在心理学实验中被经常用到，在现实生活中，这种现象也很多见。有些人为了增加彼此的熟识度，增加对方对自己的好感，会有意识地制造多次相处的机会，以便让彼此之间更有吸引力。

有一所大学曾做过这样一个实验：

他们给女生宿舍楼里分发了许多口味的饮料，然后让宿舍楼的女生去其他宿舍以品尝饮料来串门，不过禁止她们交谈。一段时间之后，学校来评估她们之间的熟识程度和喜欢程度。试验人员发现，这些女生彼此见面的次数越多，她们互相喜欢的程度就越深。那些见面比较少，只见了几次面的同学，相互喜欢的程度就很低。

还有一位心理学家做过类似的实验：

他选出了一些照片，把这些照片拿给学生们看。这些照片有的被拿出来了二三十次，有的被拿出来了十几次，也有的被拿出来了几次。看完照片之后，心理学家问这些学生，最喜欢哪张照片。结果，学生们最喜欢的那张照片就是出现次数最多的那张，对出现十几次的照片就印象模糊；对出现几次的照片，干脆就没有印象。

这个实验在心理学上被称为“多看效应”。这些实验都表明，在人际交往中，如果想要增加自己的吸引力，最直接最有效的方法就是增加对方对自己的熟悉程度，就是和对方多见面，多接触。

其实这样的现象在现实生活中很常见。

小玲和小东是一对恋人。

最近，小玲的同事晓月让小玲帮忙介绍对象。小玲就把这件事告诉了小东，让小东留意有没有合适的人选。小东也认识晓月，他觉得自己的同事阿城很不错。阿城不仅长得帅气，而且成熟稳重，工作也不错，是个不错的人选，而且小玲也认识阿城，可以说知根知底。于是他就提出把阿城介绍给晓月。

但是小玲一听要把阿城介绍给晓月，连连摇头：“怎么会是阿城，他哪里配得上晓月。”小东很无奈，其实在小东看来，晓月也是一个普通的女孩，并没有什么出色的地方。但是很显然，晓月在小玲心里非常完美，可以说是各方面条件都非常出众。

不过两个人最终还是决定先让晓月和阿城见一面。一段时间之后，事实证明，他们两个人的担心完全是多余的——晓月和阿城相处的非常好，而且很快就确定了恋人关系。

小玲和小东都觉得自己的同事非常出众，其他人很难配得上自己的同事，这种现象在生活中非常普遍，我们都对自己比较熟悉的人有好感，但是在其他人眼里，我们的朋友却又变成了普通人。道理其实很简单，我们经常和自己的朋友见面，所以会逐渐形成一个好的印象。而其他人不经常和我们的朋友见面，所以不会有深刻的印象。

另外，观察一下周围，我们会发现，那些比较活跃的人，他们的人缘通常不会太差，他们也更容易结交到朋友。这是因为他们很懂得发挥“多看效应”的效用，让自己频繁出现在他人面前，频繁和他人进行接触，以此来给对方留下更深刻的印象。

要知道，一个人如果经常把自己封闭起来，不主动去和其他人接触，而是被动地等着其他人来和自己交际，时间久了，大家自然也就疏远了他们。所以，好人缘来自于主动，哪怕是在别人面前晃悠，也会增加自己的曝光率，加深对方对你的印象。如此一来，时间长了，对方自然就会对你有了深刻的印象，彼此之间的熟悉程度也就加深了。

另外，恋人之间更需要“多看效应”。“多看效应”能够让两个经常见面的人加深了解，让彼此更了解对方的内心，也更能让双方心灵上靠得更近。我们都知道，异地恋导致了太多的恋人之间出现感情危机，这与“多看效应”无法发挥作用有着必然的联系。

所以，人与人相处，要多一点“多看效应”。很多时候，我们对一个人的第一印象并不太好，看对方哪里都不顺眼，但是随着交往的深入，接触次数的增多，我们会发现对方身上有各种各样的优点，对他们的印象也就越来越好。

因此，要想让自己的社交能力提高，不妨主动一点，多和其他人接触，如此一来，自然就和其他人有了“眼缘”，人际关系也会和谐许多。

瀑布效应：小心过度的心理防卫

李阳和周玲是一对恋人，两个人相处得比较融洽，但也时不时地会闹些小别扭。这天，李阳想开一瓶罐头吃，可他用水果刀撬了半天也没有打开。没办法，李阳只好去找周玲帮忙。在把罐头递给周玲的时候，李阳不经意地说道："我就不信你能打开。"可是周玲却没怎么费力就打开了，然后还瞥了李阳一眼，李阳不好意思地挠了挠头。

到了晚上，李阳在看一些小笑话和脑筋急转弯。其中一个脑筋急转弯他怎么想也想不到答案，于是就把这个脑筋急转弯说给周玲听，想听听她的答案，不过李阳再次不经意地说了句："我就不相信你知道答案。"李阳的话刚落，周玲就气鼓鼓地说道："我就是知道也不告诉你，你凭什么总是瞧不起我。"

听完周玲的话，李阳有些摸不着头脑，疑惑地问道："我没有瞧不起你，我怎么会瞧不起你呢？""那你为什么总是不相信我能把事情做好，是不是只有你才能把事情做好。"李阳这才明白是怎么回事，连忙解释："我绝没有瞧不起你的意思，'我就不相信你能打开''我不相信你知道答案'这些话都是我的口头禅，并不是真的瞧不起你。"听了李阳的解释，周玲的脸色才有所缓和。

有了这次教训之后，李阳再和其他人交往的时候，经常会提醒自己要注意说话方式，千万不要因为表达方式不当，让对方产生误会。

这种情形在日常生活当中，是经常发生的。很多时候，说话的人有意无意的一些话，其实并没有什么特别的意思，但是听话的人会觉得伤到了自己的自尊心。这就是我们常说的："说者无心，听者有意。"信息的传递者在传递信息的时候并没有过多的意思，心态也很平和，但是接收者在接受信息之后，会过度地解读这些信息，从而导致心理上不平静，进而影响其态度和行为。这在心理学上被称作“瀑布效应”，就像大自然中的瀑布一样，上面平平静静，下面却水花四溅。

观察过瀑布的人都有这种印象，河流在流经断崖之前，水面很平静，但是在经过断崖之后，就会溅起水花，腾起飞雾，尤其是在崖底，更是振聋发聩。“瀑布效应”中的发声者就像是断崖事前的水面，平静异常。而接收者就像是身处崖底，内心波澜涌动。

之所以会有“瀑布效应”发生，是因为说话的人和听话的人所站的角度不一样，他们对同一句话的理解就会出现偏差，误会也就此产生。很多时候，有些人为了活跃气氛，会拿出朋友当年的糗事来取乐。虽然他们并无恶意，但是当事人却会觉得不被尊重，甚至受到了侮辱，而双方的友谊也很可能就此终结，严重的甚至会爆发激烈的争吵甚至发生更加严重的伤人事件。

平原君赵胜是“战国四公子”之一，因贤能闻名。他礼贤下士，门下食客至数千人，和朋友关系处理得很好；但不注意礼貌对待平民，后在一名门客的建议下和平民搞好了关系，才威名大震。

一天，赵胜的一个小妾在临街的楼上赏景，无意中看到一个瘸子步履蹒跚的来到井台打水，由于腿脚不方便，打起水来很困难。小妾出于好奇边盯着看了会，并笑着对打水的人说：“大哥，你能打得起水吗？用不用我帮忙啊？”小妾的话让瘸子觉得受到了极大的侮辱，后来他多方打听，得知“嘲笑”自己的女人是平原君的小妾，于是瘸子立即找到平原君申诉此事，怒不可遏的他要求赵胜杀了这个小妾。见赵胜有些犹豫，这位老兄立即疾言厉色：“大家都认为平原君重士而轻色，所以天下士子不远千里来投奔您。正所谓‘士可杀，不可辱’，所以请您为我主持公道。否则，天下士子都会觉得您重色而轻士，那么他们都将离你而去。”一席话说的赵胜无言以对，最后只得答应这位老兄，处死了那位说话没有分寸的小妾。

小妾在临死前的一句话，也让赵胜颇为纠结，这位小妾说道：“妾因一句无心的不恭之言遭杀身之祸，而那些居心不良的人却能在您的身边享受荣华富贵……”

平心而论，这位小妾死的确实很冤。一句无心的话让对方觉得受了伤，而这位老兄又是一位锱铢必较、不依不饶的人，最终给自己招来杀身之祸，可以说是因言送命。

所以，在日常交往中，我们一定要注意自己的言辞，懂得在什么场合说什么话，因为并不是所有的话题都能被讨论，也不是所有的玩笑都能开，以免无意中伤了人，造成不必要的麻烦。

怀旧效应：学会运用情感武器

怀旧是一种特殊的心理现象，也可以说是一种情怀，一种心结。怀旧是对过去经历的事情、生活过的地方，或者相识的人的思念，有了较长时间的眷恋和回忆。怀旧虽然是一种特殊的心理现象，如果不是表现的过度，表现的“病态”，怀旧还是一种健康、正常的心态。因为人是有感情、有情绪的动物。过去经历的特殊的事情，遇到的特殊的人，或者走过的特殊年代，都会在内心留下深深的印迹，在以后的生活里，会对这些事物、人、年代产生特殊的感怀和反应。

其实怀旧在现实生活中非常常见，一首老歌、一部经典的电影、一场刻骨铭心的初恋……都是我们对往日的牵绊，不知道会在什么时候牵绊我们的心，让我们感怀。

小史是无锡人，父母做古董生意，姐姐在扬州做服装生意，小史身上也有着商人的基因。大学的时候，一次偶然的机会，小史在网上看到一段“80后回忆录”的视频，里面有许多自己小时候玩过的玩具，这个视频一下子勾起了小史对童年的回忆。回到家里之后，小史拿出了自己小时候的玩具，铁皮大轮船、塑料不倒翁、洋片等，每一件都让小史感慨不已。从这之后，小史就迷恋上了这些很有年代感的物件，经常出入北京、天津、河北的旧货市场，从那里搜寻宝贝。这些旧物件不仅勾起了小史满满的回忆，也让他从中看到了商机。

大学毕业之后，小史在扬州开了一家名叫“沸青”的小店，专门经营经典而又富有特色的怀旧国货。在这小店里有回力鞋、海魂衫、梅花运动服、雷锋护耳帽、老式收音机等，这些东西承载着一代人的记忆。因此，小店开了没多久，就生意火爆，据小史称，一个月能轻松入账 2 万元，生意好的时候一个月有 3 万元的纯利润。

来小史店里购物的人大多都是为了情怀而来，为了找一找当年的回忆，为了怀旧。可以说，怀旧帮小史打开了一道商业大门。

其实怀旧并不是什么复杂的事情，也就是为了重新追求曾经的快乐而已，这些快乐与过去的人和事有着千丝万缕的联系。在日常生活当中，“怀旧效应”能帮我们打开沟通的壁垒，和对方迅速熟络起来。因为“怀旧”是用情感来做武器，而感情能让我们迅速靠近一个人的内心，达成有效沟通。

陈柯是一名历史学研究生。最近，一家事业单位公开招聘文秘和法律专业的人才，人事部门的负责人亲自主持招聘。陈柯的专业虽然不对口，但也想抓住这次机会。

在参加面试之前，陈柯专门研究了人事处长的经历，了解到人事处长原先是民办教师，后来通过自学考上大学，毕业后被分配到了机关。而陈柯也有着相似的经历，他决定从这方面打开缺口。

面试当天，看着一个个面试者垂头丧气地从会议室走出来，陈柯觉得这场面试并不简单。轮到陈柯的时候，人事处长让他介绍一下自己。陈柯没有像其他应聘者一样谈自己的荣誉、能力，而是从自己的经历开始介绍。他介绍了自己大学毕业之后的支教经历，也介绍了自学考研时的艰辛，既要准备学生的讲义，又要准备自学考研，每天都过得充实而忙碌。也许是相似的经历引起了人事处长的注意，人事处长对陈柯说道："公务员就是需要你这样既能吃苦，又能奉献的精神。可惜你的专业不对口。"

陈柯连忙说道："我觉得做文秘最大的障碍并非专业，而是是否有足够的自学能力、能否接受新事物、能否不断进取，而我在这两方面并不欠缺。相信在这方面您也有很深的体会。"一句话说得人事处长频频点头。

几天之后，陈柯收到了录用通知。在入职的时候，人事处长对他说："通过你的介绍，我仿佛看到了过去的自己，我很怀念那段岁月，也正是这一点，让我决定录用你。"

怀旧之所以会给人们带来感怀，是因为人是有思维的动物，需要一些内容来洗涤、抚慰心灵，而旧有的时光无疑是一针镇痛剂，会帮我们抚平喜新厌旧带来的不安。当然，适当的怀旧是一种正常、健康的心理，但是过度的怀旧，陷入过去无法自拔，则是一种病态，长久下去，就会与现在产生隔阂，无法融入现实生活，甚至对现实产生抵触。所以说，怀旧也要适度。

自己人效应：让你和对方更近

在人际交往中，我们经常会听到"自己人"这个词。但实际上，交往的双方并没有血缘关系，也不是亲戚关系，他们甚至之前都没有过很深的交往。其实所谓的"自己人"，不过是人际交往中的一种策略，是通过寻找共同点，把对方和自己归属于同一类人，以此来达到自己的说服目的。这就是人际交往中的"自己人效应"。

自己人效应，也叫“同体效应”“亲和效应”，就是在人际沟通过程中，我们会因为相互之间存在某种相同或者相似的地方，而觉得彼此更加容易接近，感觉更加亲切，交流起来更为顺畅。比如，相同的籍贯、相似的经历、共同的爱好等，都会让我们觉得心理距离拉近了许多。

在日常生活当中，我们都有这样的倾向，喜欢和亲近的人交往。如果彼此的关系比较亲密，对于对方的观点和立场就更加容易接受，甚至对于对方提出的一些不合理要求，我们也会答应。因此，在同等条件下，和自己人交往的效果比和一般人交往的效果要好很多。这也正是我们会在日常交际中热衷于寻找“自己人”的原因所在。

1858年，林肯竞选上议院议员的时候，在伊利诺伊州南部进行演说。由于林肯致力于废奴，所以当地蓄养黑奴的恶霸们对林肯恨之入骨，他们甚至扬言要置林肯于死地。

在演说开始之前，林肯进行了简短的开场白：

南伊利诺伊州的同乡们，肯特基的同乡们，听说在场的人群中有一些人要和我作对，我想不明白为什么要这样做，因为我和大家一样，都是淳朴而正直的平民。那么我为什么不能和大家一样，有发表意见的权利呢？朋友们，我不是来干涉、破坏大家生活的，我也是你们中的一员，我生于肯特基州，长于伊里诺州。和你们一样，我也是长期在贫困中挣扎过的人，所以我很了解大家的需要。我认识南伊利诺伊州的人，也认识肯特基州的人，也想认识密苏里的人，因为我也是他们中的一员……

林肯的话音刚落，周围的群众就报以热烈的喝彩。

林肯在演讲的时候并非无的放矢，而是根据现场观众的身份，把自己和他们相似的经历联系在了一起。正因为这样，听众才会和他在心理上产生共鸣，从内心深处认可他、支持他。这就是“自己人效应”

的妙用，林肯通过把自己和听众归为“自己人”，扭转了他们原先反对自己的态度。

同样的，二战期间，英国首相丘吉尔曾前往美国寻求帮助，在美国进行了多次演讲，他的演讲同样获得了听众极大的认可和赞扬。

在一次圣诞节的演讲上，丘吉尔如是说：“今天，我虽然远离家庭，远离祖国，在这里过节，但是我却没有一丝一毫感到是在异乡做客。我不知道，是因为我母亲的血统和大家相同，还是多年来我自己和各位结下的友谊……总之，在美国最高权力的所在地，我丝毫不觉得自己是一个外来者，我们的国民说着同样的语言，有着相同的宗教信仰，而且现在我们还有着共同的理想，所以，我觉得我和大家就像是兄弟一般的关系……”

想一想，这样的话怎能不让美国人喜欢，美国人又怎能不和英国人一起并肩战斗。

有道是：“是自己人，怎么都好说；不是自己人，怎么都不好说。”所以，在和人交往的时候，要注重搞好人际关系，这关键就在制造“自己人效应”。特别是两个人最初相处的时候，如果你能让对方觉得你们两个人在兴趣、价值观或者其他方面有相似或者相近的话题，那么对方就会觉得和你是同一类人，他们就会迅速地对你敞开心扉，接下来的交流就会简单多了。

所以，在人际交往中，尤其是初次见面的人，要想让两个人迅速熟络起来，最好找一找彼此的相似点，恰当地表明你和对方是“自己人”：

首先，要强调双方的共同兴趣、爱好。如果双方有共同点，那么是很小的共同点也要强调出来。因为一旦有了共同点，就很容易拉近双方的距离，消除双方的陌生感。这样不仅会让谈话更轻松，也更有利于对方说出心里话。

其次，有了共同点，还要多关心对方。共同点能消除双方的陌生感，而体贴关心，则更能获得对方的认同。而且对对方表示关心，更能深化双方的关系。

皮格马利翁效应：赞美创造奇迹

有一则古希腊神话故事：

塞浦路斯的国王皮格马利翁是一名雕塑家，他不爱凡间女子，所以决定终身不娶。后来，他用象牙雕刻了一位美丽可爱的少女。在雕刻的过程中，皮格马利翁倾注了所有的精力、热情以及爱恋。雕刻完成之后，皮格马利翁深深地爱上了这位美丽的“少女”，并给她取了一个名字叫盖拉蒂。皮格马利翁装扮这位“少女”，给她穿上了长袍，他还拥抱她、亲吻她，殷切地希望这位“少女”能够感受到他的爱。但是她依然只是一尊雕塑。

皮格马利翁非常失望，他不愿意再忍受相思之苦。于是带着丰厚的祭品来到了阿弗洛蒂忒的神殿向她求助，他祈求阿弗洛蒂忒能够赐给他一位像盖拉蒂一样优雅、美丽的妻子。皮格马利翁的真诚感动了女神，女神决定帮他实现愿望。

皮格马利翁回到家里之后，他径直来到雕像前面，凝视着雕像，祈祷着。渐渐地，雕像开始发生变化，她的脸颊开始有了血色，眼睛也慢慢有了神采，不久，她的嘴唇也张开了，露出甜甜的笑容。这一切让皮格马利翁激动不已。很快，盖拉蒂迈开了脚步，向皮格马利翁走来，她的眼睛里充满爱意，浑身散发着温柔的光芒。皮格马利翁静静地看着她，突然，她开口说话了，皮格马利翁却惊呆了，一句话也说不出来。

后来，盖拉蒂成为了皮格马利翁的妻子。

人们根据这个神话故事得出结论：期待和赞美能产生奇迹。

“皮格马利翁效应”后来由美国著名心理学家罗森塔尔和雅格布森在小学教学上予以验证提出。他们指出，人的情感和观念会不同程度受到其他人的影响。人们会不自觉接受自己喜欢、钦佩、崇拜、信任的人的影响和暗示。

小雅是一个普通的女孩，性格内向，相貌平平，学习成绩也不出众。她的姐姐则开朗活泼，年年都拿第一。在姐姐面前，小雅从来没有闪光点，她的父母也不止一次说：“小雅要是能像姐姐一样优秀就好了。”说的次数多了，小雅也觉得自己处处比不过姐姐，是一个可有可无的“丑小鸭”，她也习惯了一个人呆在角落里发呆。

大学毕业之后，小雅进入了一家外贸公司做业务，还遇到了改变自己一生的人。刚进公司的时候，小雅依然沉默寡言，她的业绩也就可想而知。后来，小雅的主管辞职，公司从其他公司高薪挖来了一位业务主管，这位主管叫韩燕，是一位自信而优雅的女士。主管对每一位同事都很和蔼，也会不时地鼓励他们。

有一次，小雅在做完自己的工作之后，又收集了一些关于国外对公司出口产品环保的新标准。在第二天的例会上，韩燕专门说起了这件事，表扬小雅是一个踏实、有责任心的女孩子。从小到大，小雅从来没有被人这样称赞过，而且还是当着这么多同事的面，她的心里久久不能平静。

在这之后，小雅对工作更加用心了。在她取得了成绩之后，韩燕也从来不会吝啬自己的赞美。就这样，小雅对工作越来越热情，她从来没有想到过自己能这么用心做一件事情。在这个过程中，小雅也不断充实自己，学着起草合同、学着跟外商谈判，慢慢地，小雅可以独当一面了，韩燕也把越来越重要的工作交给她，而小雅也能把这些工作处理得非常出色。

等到小雅回到老家之后，她的父母发现小女儿的变化非常大，再也不是以前那个“丑小鸭”了，而是一个自信而优雅的女孩子。

其实不管是谁，都渴望被其他人赞美、期待，而这份力量足以改变一个人的一生。当一个人得到了其他人的赞美、认可的时候，他就会觉得自己是一个优秀的人，也就会变得更加自信、自尊。这就是赞美的力量。真诚的赞美一个人不仅会展现一个人的气度，也能有效地润滑人际关系。

所以，在人际交往中，我们不要吝啬自己的赞美，真诚的赞美能有效拉近两个人的心理距离。如果我们只顾自说自话，或者沉默寡言，势必会在双方之间筑起壁垒，这样只会让双方更加疏远，不利于建立良好的沟通渠道。因此，在和对方见面的时候，不妨根据自己的印象，对对方进行适当的赞美，如此一来，必然会对接下来的交流打下良好的基础。

第四章

自控石英钟：千万别败在自己手上

人生好比一场横冲直撞的探险，我们只能依靠“自控力”来选择前进的方向。如果你不想误入歧途，那就一定要管住自己。

墨菲定律：要允许自己犯错误

墨菲定律是一个心理学效应，由美国空军少尉爱德华·墨菲提出。

一次，爱德华 墨菲和他的上司一起参加美国空军进行的MX981火箭减速超重实验。这个实验室为了测定人类对加速度的承受极限。实验中有一个项目是要将16个火箭加速度计悬空装置在受试者上方，当时有两种方法可以将加速度计固定在支架上，而不可思议的是，竟然有人有条不紊地将16个加速度计全部装在错误的位置上。

由此，墨菲得出了一个结论：如果某件事情有两种方法解决，而且其中一种方法是错误的，那么必定会有人选择错误的方法去做。也就是说，如果事情有向坏的方向发展的可能，不管这种可能性多小，它都会发生。

经过长时间的演变，人们不断充实墨菲定律的内涵，最终，确定墨菲定律的主要内容有四个方面：一、任何事情都没有表面看起来那么简单；二、事情总会比预计的时间要长；三、会出错的事情总会出错；四、如果担心某件事情会发生，那么它就一定会发生。

换一种比较形象的说法：一片干面包掉在地摊上，两面都有可能着地。如果在面包上涂一层果酱，面包掉在地摊上，那么常常是带有果酱的一面着地。这就告诉我们，错误是客观存在的，我们无法改变，只能接受和错误共存的命运。

事实确实如此，不管一个人有多聪明，他都不可能把一件事情做到完美。这就是为什么不管医术多么高明的医生都不敢保证自己做的手术永远不会出问题。犯错是人类与生俱来的弱点，是无法回避的事实。

诚然，我们都渴望获得成功，但是我们不能回避错误，因为没有人能保证不犯错误。我们要做的是正视错误，从错误中汲取经验教训，避免以后犯相同的错误。

丹麦著名的物理学家雅各布·博尔的“碎花瓶理论”，就是在失误中发现的。

有一次，雅各布·博尔不小心打碎了一个花瓶，这是一件很糟糕的事情，但是博尔没有一味地沮丧，而是很细心地收集了满地的碎片。

他把这些碎片按大小分类，并进行称重，最后发现：10 ~ 100 克的最少，1 ~ 10 克的稍多，1 克和 1 克以下的碎片最多；同时，博尔还发现，这些碎片的重量有着倍数的关系，也就是较大块的重量是次大块重量的 16 倍，次大块碎片的重量是小块碎片重量的 16 倍，小块碎片的重量是更小块重量的 16 倍……

就这样，博尔发现了“碎花瓶理论”，并且根据这个理论来修复文物、陨石以及其他不知道原貌的物体，给考古学和天体研究带来了意想不到的帮助。

其实人类的很多成就都是从错误中汲取的，很多时候，我们都是在失败和尝试中学习，而不是在正确中学习。著名的发明家爱迪生在改良灯泡的时候，试验了上千种材料，正是从这上千次的失败中，爱迪生找到了最合适的材料。还有，超级油轮卡迪兹号在法国西北部的布列塔尼沿岸发生爆炸，成千上万吨石油铺满了海面，这迫使石油公司不得不认真考虑运输石油过程中的各种安全措施和安全设施。

由此可见，错误对人类的冲击有多大，它能让人类更加认真、审慎地考虑事情，解决问题，也正是有了一次次错误，人类也才有了一次次的进步。生活和工作也是如此，当你冒险尝试新的事物、新的工作时，难免会出现错误。但正是有了这些错误，你才能发现自己的不足，才能加以改进。

但是有些人却并不这么认为，当自己犯了错的时候，他们的第一反应是："糟糕，怎么又错了，我怎么总是这么倒霉。""这件事情真实太麻烦了，怎么就偏偏让我来做呢？"这些人总是会用倒霉、无辜来为自己的失败找借口，却不知道在错误中进行创造性的思考，从而取得更大的进步。

虽然我们都知道：失败是成功之母；吃一堑长一智；不要为打翻的牛奶哭泣。但生活中我们受到的教育却是：犯错是一件坏事，对成功没有一丝一毫益处。可是人的一辈子，不可避免地要犯错误，要失败。而我们要做的不是怕犯错，而是在犯了错之后，如何让自己下一次成功。就像一位成功者所说的："如果你想打中，就要先做好打不中的准备。"

空杯效应：请保持归零心态

很早的时候，有一个年轻人非常喜欢佛学，而且在佛学上也很有造诣。

有一天，他听人说在一座寺庙里有一位得道高僧，非常了不起，就想着去拜访这位高僧。高僧的弟子接待了他，但是他的态度却很傲慢，意思是说："我的佛学造诣如此高，你根本不配与我对话。"

后来，高僧出来接待了他，而且态度十分恭敬，并给他沏茶。但是在倒水的时候，水杯已经满了，高僧却还在一直倒。年轻人很疑惑，问道"大师，杯子已经满了，您为什么还要往里边倒水？"高僧微微一笑，说道："是啊，既然已经满了，干吗还要倒呢？"高僧的意思很清楚，是在反问年轻人，既然你已经那么有学问了，干吗还要来我这里求教呢？

这就是"空杯心态"的本源，告诉我们，做任何事情都要有一个好的心态，如果想要学到更高深的学问，就要先放空自己，切勿骄傲自满。

“空杯心态”是一种心理学心态，意思是说在做某件事情之前先要有好的心态。也可以说，如果你想获得更多、学到更多，就要先把自己想象成为一只空着的杯子，而不是骄傲自满。当然，“空杯心态”并不是一味地否定自己、否定过去，而是怀有否定或者放空过去的态度，来面对新的事物，融入新的环境，开始新的工作。也可以说是让我们把自己“归零”，一切重新开始，对过去的荣耀、挫折进行舍弃，因为有舍才有得。当然，否定自己并不是一件容易的事，这需要很大的勇气，但也正因为敢于否定自己，才能找到自己的不足，才能找到自己需要努力的方向。

宋兵是一家公司的人力资源经理。在成为人力资源部经理之前，宋兵在工作中非常卖力，而且取得了不俗的成绩。正因为他良好的工作态度，和出众的工作能力，入职仅仅两年，就被公司提拔为了人力资源部经理。

当上了人力资源部经理之后，公司给他配备了专车，也为他购买了一栋豪华的住所。这一切不仅让宋兵的生活品质有了极大的改善，同时也让他的心态有了很大的变化。一方面，他认为自己是一个有能力的人，工作上的事他能很轻松地解决掉；另一方面，他又不满足于现状，认为公司发展空间很小，无法满足自己的职业规划。所以，没过多久，他就跳槽到了一家大型企业。

进入这家大公司之后，宋兵并没有做人力资源部经理，而是成为了人力资源部的一名员工，极大的落差让宋兵很不舒服。他觉得自己一个人力资源部经理，现在却在这里做一个小职员，这是大材小用。他认为，凭自己的才能，做一个经理绰绰有余。这样的心态也改变了他的工作态度，对于公司安排的任务，他从不认真对待，他认为凭自己的才能，应该处理重要的事务，而不是干一些“小事”。

这样的态度也导致了他无法做出成绩。

宋兵的朋友很为他担心，曾善意地提醒他，要摆正工作态度，踏实一点，多做一些业绩。但是宋兵却把朋友的良言当作了耳旁风，还很不屑地说："我的能力你知道，这家公司不重视我，我也没必要在这里卖命，反正失去我是他们的损失。"

确实，公司的领导没有发现宋兵的能力，反而发现了他的不足，这些让公司领导动了换人的念头。最终，在一个周一的早上，宋兵迈进办公室之后，收到了人事部门送来的辞退通知书。

其实像宋兵这样的人很多，他们认为自己很优秀，很有才华，觉得自己很了不起；他们听不进去别人的意见，也看不上别人抛过来的橄榄枝。但是他们不懂，优秀也是有变数的。也许你今天很优秀，但是明天就不一定同样优秀；也许你在这个行业很出众，但是换一个行业就未必同样出类拔萃。他们不懂得放空自己，一切从零开始，只是抱着过往的成绩，活在过去里，然后被一个个"倒空"自己的人超越。最终，这些人只能是倒在以前的"优秀"上。

总之，人生不会简单到一蹴而就，中间要经历许许多多。我们不能因为一点点小成绩就得意忘形，忘乎所以；也不能因为些许挫折就甘愿任命，妄自菲薄。这就要求我们学会"空杯效应"，在失意时不会一蹶不振，在得意时不会得意忘形。而在需要的时候能够放空自己，能够归零，放下过去，只有这样我们才能走得更远，取得更大的成绩。

禁果效应：小心被诱惑

禁果效应也叫"亚当与夏娃效应"，意思是指越是禁止的东西，人们越想弄到手；越是要掩盖某件事情，反而越能勾起人们的好奇心与探求欲，会让人们想尽一切办法来弄清楚事情的来龙去脉。这种因为单方面的禁止而引起的逆反现象在心理学上被称为“禁果效应”，这与人们的好奇心与逆反心理有关。

生活中，我们也经常遇到这样的情形，越是不想让对方知道某件事情、某个信息，反而会越发引起他们的关注和兴趣，他们会不停地窥探、询问事件的真相。心理学家认为，那些无法知晓的“神秘”事物，比那些能够切实接触到的事物对人们来说更有诱惑力。生活当中，那些“吊胃口”“卖关子”的话，都是通过透露出不完整的信息，把关键信息隐藏起来，在接收者心中形成空白，这份空白信息会对接受信息的人形成强烈的吸引力。这种“掩盖——期待——召唤”就是“禁果效应”存在的心理基础。

“禁果”一词出自《圣经》，是伊甸园“知善恶树”上结的果实。伊甸园是上帝为人类的始祖亚当、夏娃建造的一个乐园，上帝让亚当和夏娃住在伊甸园里，让他们修葺、管理这个园子。上帝告诉他们，园子里各种树上的果子都能吃，唯独善恶树上的果子不能吃，否则他们就会死。一开始，亚当、夏娃谨记上帝的教诲，不去碰善恶树上的果子。

后来，夏娃经受不住蛇的诱惑，吃了善恶树上的果子，并且把果子给了亚当，也让他吃。上帝得知之后，很生气，把他们赶出了伊甸园，也惩罚了罪魁祸首——蛇，让它用肚子走路。并处罚了夏娃，增加了她怀孕的痛苦；也责罚了亚当，让他只有通过不断劳动才能获得食物。

《圣经》中，这个关于人类始祖的传说，揭示了人性中天然存在的“禁果效应”。当某件事情被禁止了，禁止本身就带有了魔力，诱惑人们去揭开这层神秘的面纱。正如被插上“禁止踩踏”标示的草坪，过不了多久，就会有人在上面走出一条小路；在教育孩子的时候，我们会告诉他们哪些事情不能做，但是孩子很少会乖乖听话，即便当面答应我们，还是会偷偷去尝试。

“禁果效应”告诉我们，人的身上有一种越是被禁止越是向往的逆反情绪，如果我们展示给对方，他们反而就没有那么大的窥探欲了。这是因为，对于秘密，人类天生有着窥探的欲望，想要一探究竟，了解个中真相。潘多拉魔盒就是因为这样才被打开的。

相传天神普罗米修斯偷得天火，悄悄送给了人类。这件事情被主神宙斯知晓，他决定惩罚人类，让人类不得安宁。宙斯命令火神烧制了一个美丽的少女，又让神使赠给了她能够迷惑人心的语言技能，最后让爱情女神赐予了她无限的魅力。宙斯给这个少女起名为“潘多拉”，意为一个被赐予一切礼物的女人。

宙斯把潘多拉许配给普罗米修斯的弟弟耶比米修斯，并送给潘多拉一个密封的盒子做嫁妆。临行前，他叮嘱潘多拉，无论如何都不能打开盒子。普罗米修斯也知道宙斯不安好心，劝说弟弟不要接受宙斯的嫁妆，但是弟弟并没有听他的话。

随后，潘多拉来到了人间，嫁给了耶比米修斯。起初，潘多拉谨遵宙斯的叮嘱，不去打开盒子。但是一段时间之后，潘多拉想要打开盒子一探究竟的心理越来越强烈。在强烈的欲望驱使下，潘多拉还是没有忍住打开了盒子，盒子打开的一瞬间，灾难也飞了出来。从此，灾难、疾病开始肆虐人间。就这样，宙斯借潘多拉之手惩罚了人类。

可见，人们在被禁止的时候反而更容易激起欲望，以至经常出现“小禁不为，愈禁愈为”现象。换句话说，就是越得不到的东西，越想得到；越是难以得到的东西，就越有诱惑力；越是不想被知道的事情，就越能吸引人的注意力。

当然，诱惑具有双面性，它既能刺激人们求知欲，让人们学习更多的知识。但是如果人们无法抵御那些负面的诱惑，生命将会变得荆棘丛生，黯淡无光。在现代社会，诱惑又非常多，稍有不慎我们就会被“禁果”诱惑，陷入欲望的漩涡，人生变得扭曲而丑陋。所以，我们要尽量保持平常心，拒绝诱惑，让生命回归平静。

蚂蚁效应：你有合作意识吗

蚂蚁可以说是自然界最为团结的物种之一，每一只蚂蚁都在为整个团体的生存而做着力所能及的事情。

有一个关于蚂蚁的小故事：一群蚂蚁选择了在一棵大树底下安家，为了建设自己的家园，这群蚂蚁整天忙碌着。它们有的挖掘洞穴，有的清理沙石，有的则啃咬树皮……有一天，一阵轻风吹过，这棵大树轰然倒塌，倒到了最后竟然零落成泥。

我们都知道，一只蚂蚁的力量微不足道，但是一群蚂蚁却能撼动大树。如果是成百万只的蚂蚁则可以横扫整片森林，毁掉一栋栋楼房，甚至转瞬间让凶猛的老虎、狮子变成白骨。这就是“蚂蚁效应”的威力所在。

俗话说：“人心齐，泰山移”“众人拾柴火焰高”。单个蚂蚁的力量可以忽略不计，但是成千上万只的蚂蚁汇聚到一起，那就是一股不可小觑的力量。有一些小动物，他们比较弱小，比如兔子、猴子、羚羊，落单的时候，很容易被其他肉食动物攻击。但如果它们团结起来，其力量也能抗拒凶猛的狼。

蚂蚁的团队精神也一度引起了科学家的注意，他们也曾研究过团结起来的蚂蚁到底有多大的能量，并进行了各种各样的实验。一次偶然的机会，法国科学家发现蚂蚁竟然能灭火。后来，英国一位科学家做了两次实验，证明了法国科学家的发现。

第一次，这位科学家把点燃的蚊香放进了蚁巢。一开始，蚁巢里的蚂蚁惊慌失措，四处乱窜。但是二十多秒之后，一些蚂蚁却朝着燃烧的蚊香冲了过去，并对着蚊香喷出了蚁酸。但是少量的蚁酸对烧着的蚊香并没有什么影响，因此一些英勇的蚂蚁葬身火海。但是这并没有吓退蚂蚁，它们反而前仆后继，一分多钟之后，燃烧的蚊香被扑灭了。那些活着的蚂蚁立即将阵亡的战友拖到了“墓地”里，并在它们的尸体上盖上了一层土，表示安葬了同伴。

一个月之后，这位科学家进行了第二次试验。这一次他把点燃的蜡烛放在了同一个蚁巢里进行观察。这次的“火灾”要比第一次大的多，但是有了上一次经验的蚂蚁们没有惊慌，他们有条不紊地组织起来，调兵遣将、协同作战，不到一分钟就扑灭了这场“大火”。而蚂蚁则无一遇难。

另外还有一则蚂蚁从大火里逃生的短文。

森林发生火灾，一群蚂蚁被困在火海里，眼看着蚁群要全部葬身火海。但是这些蚂蚁并没有惊慌，它们迅速聚拢起来，抱成一团。然后这个“蚁球”顺着山坡向下滚去，一直滚出火海，滚到小溪里，顺流而下，到达安全的地方。

当然，那些最外层的蚂蚁最终被大火吞噬，但是它们牺牲了自己，却为大部分的蚂蚁打开了一条生路。

其实，对于我们个人来说，也是力量单薄的蚂蚁，一些简单的事情我们确实能自己处理，但是遇到复杂的事情我们就需要依靠其他人的力量，否则只会困难重重，挫折连连。

小燕是一家名牌大学的研究生，毕业之后进入单位没多久，她就拉到了一个大项目。这么大的项目，同事认为要成立一个小组，一起来完成。但是初生牛犊不怕虎，小燕觉得自己是名牌大学的研究生，能力出众，根本不需要其他人帮忙。

同事们纷纷劝说：“这个项目太大，老手都不一定能自己啃下来，还是找人合作吧，否则不仅吃不下，还有可能被噎着。”但是小燕却不听劝。

果然不出大家所料，这么大的项目根本就不是一个人能独立完成的，而且其中很多知识是学校里没有教的，需要现学。随着约定的时间越来越近，小燕发现自己根本无法完成这个项目。无奈之下，她只好向同事求助。

好在人多力量大，而且同事也都在这个行业做了几年，熟门熟路，在他们的帮助下，小燕总算在规定的时间里完成了项目。

对此，小燕深有感触："总觉得自己是名牌大学的研究生，能力出众，没有什么问题是自己搞不定的。现在，这个项目让我充分认识到了自己的力量是多么渺小，没有大家的帮忙，自己是多么无助。"

而现实生活中有很多人像小燕一样，他们也认为自己能力强，势力大，没有什么是自己解决不了的。因此，他们总是独来独往，不去和其他人合作。这样只会让他们不断得罪人，还经常碰壁，出洋相。

所以，作为社会的一分子，我们不能忘了自己的社会属性，要记住个人的力量是弱小的，要把自己融入到团队中，这样才能更好地发挥自己的实力。正如人们常说的："一滴水要想不干涸，就必须融入大海。"这是在告诉我们，依靠团队的力量，才能展现自己的聪明才智，才能更容易取得成功。

海洛因效应：自制力是最宝贵的财富

海洛因是阿片类毒品的总称，成瘾性非常强。而且其成瘾性是阿片类药物中发病最高、危害最大的一种，研究认为这是以强迫性连续用药、高复发率为主要特征的一种慢性复发性脑部疾病，机制极其复杂。可以说，一旦染上，几乎没有戒除的可能。

在现实生活中，我们经常遇到这样的情形，明明知道一件事情有很大的危害，结局也不好，但是偏偏又深陷其中无法自拔，就像吸食了海洛因一样无法自拔，我们把这种沉迷于不良嗜好而无法自拔的现象称作“海洛因效应”。其实，每个人的身上或多或少都有一些瘾。我们把那些健康的叫做嗜好，比如读书、运动等。还有一些不好的瘾，比如毒瘾、游戏瘾、烟瘾、赌瘾等。这些瘾除了会伤害人的身体，还会摧残人的心志，浪费大量的时间和精力，让人无法集中精力学习、工作。严重的还会影响家庭中的人际关系，甚至还有一些人因为这些“瘾”送了性命。

总而言之，“海洛因效应”很容易让人因为上瘾而无法自拔，最终失去自主能力。

在美国一个小镇，一个失去了右臂的乞丐在沿街乞讨。他来到一座院落前面，一位中年妇女正在院子里劳动。乞丐对这位女主人祈求道：“太太，可以可怜可怜我，能给些吃的吗？我已经两天没有吃过东西了。”

可是这位女主人却没有给他拿吃的东西，而是冷冰冰地指着门边的一堆砖说道：“你帮我把这些砖搬到屋后去吧。”乞丐一愣，然后生气地对女主人说道：“你这个人怎么能这样呢？难道你没看到我只有一只手吗？”女主人没有说话，而是俯下身去，用一只手拿起两块砖，然后对乞丐说：“你看，我现在不是在用一只手搬砖吗？并不是所有的事情都需要两只手才能做。”

乞丐仿佛受到了极大的打击，一言不发地走到那堆砖前面，开始搬砖。也许是经常不干活，而且只有左手能动，所以这堆砖搬完之后，乞丐累得一屁股坐在地上，大口喘着粗气。这时候，女主人从屋里端出来一杯水递给乞丐，并拿出20美元给他。乞丐接过水杯和钱，对女主人说道：“你并不是没有同情心，看来你是一位善良的妇人。谢谢您。”女主人却摇摇头说道：“我并不是可怜你，这些钱是你刚才搬砖的报酬，是你凭自己的力气赚来的钱。”听了女主人的话，乞丐对着她深深地鞠了一躬，然后转身离开了。

很多年之后，女主人已经忘记了这个乞丐。一天，一个穿着西装，打着领带的成功人士来到了这座院落前，对着已经成为老妇人的女主人说道："如果没有您，我会一直是一个乞丐。做乞丐只要伸手就有人可怜，可以不劳而获，这样的日子已经麻痹了我，让我变成了一个不知道劳动的懒人，是您把我从寄生虫的生活中解救了出来。现在，我已经是一家公司的老板了。"男人一边说一边露出了右边空荡荡的袖管，想让老妇人记起他。不过老妇人还是没能想起他。这位老板拿出一笔巨款表达自己的谢意。老妇人却说："我不能接受你的钱，我们一家人都有两只手，我们能养活自己。"这位老板坚持着："是您让我重新知道什么是人格，让我体面地活了下来，如果您确实不能接受，就把这些钱送给没有手的人吧。"

"海洛因效应"能让人们沉迷在那些不好的事情上，走火入魔。而要克制心中的"魔障"就需要自制力。自制力是一个人情商高的重要表现，也是一个人意志力坚强的表现。日常生活中，我们不难发现，那些自制力出众的人，都非常理性，他们意志力很强，懂得控制自己。所以他们的成就也很出众。

懂得自制的人，能够抵制诱惑，抵制心中的"瘾"。"海洛因效应"形成的瘾说到底其实是一种依赖习惯，是因为沉迷变得无法自拔。这种依赖会逐渐成为人们心理上的障碍和顽石，阻碍着我们前进的步伐。要想搬开这些障碍和顽石，就要靠我们自己的努力，归根到底，就是靠我们的自制力改变这些不良习惯，做自己的主人，如此才能在人生的道路上不会误入歧途。

破窗理论：我们要时常检查自己

1969 年，斯坦福大学的心理学家菲利普·津巴多进行了一项实验，他找来两辆一模一样的汽车，他把其中一辆汽车停在了加州帕洛阿尔托的中产阶级社区，而另一辆停在相对杂乱的纽约布朗克斯区。停在布朗克斯区的这辆汽车被摘掉了车牌，并且把顶棚打开了，结果当天晚上，车就被偷走了。停在帕洛阿尔托的那辆车子，一个星期都没有人理睬。后来津巴多打碎了这辆车的车窗，几个小时之后，这辆车就不见了。

根据这项实验，政治学家威尔逊和犯罪学家凯琳提出了一个“破窗效应”理论：认为如果有人打坏了一幢建筑物的窗户玻璃，而这扇窗户又得不到及时的维修，别人就可能受到某些示范性的纵容去打烂更多的窗户。久而久之，这些破窗户就给人造成一种无序的感觉，结果在这种公众麻木不仁的氛围中，犯罪就会滋生。

破窗理论还有一层意思，就是人们通常会用这个理论来为自己开脱。比如在一块干净的地面上，起初没有人在上面扔垃圾，如果一个人在上面扔了纸片没有被禁止，那么其他人也会跟随着在上面扔纸片。因为每个人的心里都有这样的意识：其他人在地上扔了垃圾，没有承担责任，我在上面扔垃圾，也不应该承担责任。因此，当规则被忽视了，其他人必定会跟风，原本整洁的地面很快就会变得脏乱不堪。

有一家企业，大概有一百多名工人，公司有一项规定——上班期间必须戴工牌，如果发现有不佩戴工牌的工人，每人每次罚款50元。一开始，有一两个工人没有佩戴工牌，管理层并没有严格按照规定进行处罚。

一个月之后，不佩戴工牌上班的工人由最初的一两个增长到超过一半。不仅如此，工人对企业其他规章制度也开始阳奉阴违。造成这一现象的原因不难理解：管理层对于不佩戴工牌这件事情没有做到“令行禁止”，反而是一再纵容，这就导致员工们对于规章制度开始抱着“可有可无”的态度，很大程度上影响了公司员工的士气和精神面貌。

其实“破窗理论”针对的不仅仅是规则，对于个人而言也是如此：如果那些轻微的、细小的过错没有被及时纠正过来，我们自己就会像那扇被打碎玻璃的窗户，只会变得越来越糟糕。所以，我们要时常检查、反省一下自己，及时修好“破损的窗户”。

上个世纪九十年代，美国人发现斯坦福大学在用纳税人的钱在做与科学研究不相关的事情。比如，他们购买了快艇，还用纳税人的钱为校长约瑟芬的新配偶举行招待会。事情败露之后，约瑟芬却拒绝向公众道歉，他认为向公众道歉有损自己的形象。而且他还非常狂妄地声称，他有权用政府的基金来支付和科学研究有间接关系的开支，比如购买餐巾、桌布以及在他的家里举办宴会。约瑟芬甚至狂妄地叫嚣：“哪怕是我家里的一朵鲜花也是与科学研究有关的。”

约瑟芬的态度引起了公众极大的愤慨，他们纷纷谴责约瑟芬，指责他是一个不负责任的校长。斯坦福大学的一名教员也说：“他似乎从来不认为自己出了差错，他认为这一切都是正当的——只要那些事情是他做的。”但是约瑟芬最终还是为自己的狂妄付出了代价，几个月之后，迫于压力，他只得辞去斯坦福大学校长一职。

能够当上知名学府的校长，约瑟芬的才能必定有过人之处。但是他却不明白，把他推上校长宝座的是他对学校的贡献而不是损害。在他的态度发生转变之后，他的所作所为也就变质了，因为他的身上出现了“破窗”，或许人们还很欣赏他的才华，但还是将他抛弃了。

其实不管是成功，还是失败；是得意还是失意，我们都要对自己有一个清醒的认识，因为只有懂得反躬自省的人，才能更上一层楼，才能取得更重要的成就。否则只会被困于井底，不能前进一步，也不会有什么成就。

当然，每个人都有犯错的时候，我们不反对犯错，但反对的是知错不改，一意孤行。我们欣赏那些能够及时发现自己的错误和不足，并加以改正的人，因为勇于审视自己，并发现自己不足的精神非常可贵，这是成大事者必备的品质。所以，我们要时常检查自己，不断提高自己，完善自己，这才是成功的捷径。

淬火效应：挫折面前不要逃避

在人生的道路上，每个人都会遇到困境和挫折，有的人在挫折面前一蹶不振，潦倒一生；有的人则闯过困境，迎来明媚的阳光。在挫折面前沉沦的人不在少数，因为他们把挫折当成了不可逾越的厄运。诚然，挫折可能真的是厄运，但也是磨炼一个人心智的上佳工具，如果能够战胜挫折，走出阴霾，那么这个人的内心将会变得非常强大。

这就像是在铸造工件的时候，当金属工件被加热到一定程度之后，浸入冷却剂（油、水等）中，经过冷却处理，工件的性能更好、更稳定。心理学把这定义为“淬火效应”。挫折对于一个人来说就是“淬火效应”中的冷却剂，经过“冷却剂”的刺激，我们的心态会更平稳，更健全。所以，生活中遇到了挫折不要逃避，要勇敢地面对。

人的一生总是在成功与失败的交织中前进。每个人的进步都离不开一次次严酷的考验，而且很多人在考验中败北，最终被淘汰出局。可以说，成功和失败是每个人都会经历的两种极端状态，这两种状态看似有着天壤之别，但其实离得特别近，可以说是咫尺之间，它们有着紧密的联系，有时候会很轻易转换。

一个人不会永远成功，也不会永远失败。但是真正的成功者，是那些既能经历成功，又能经得起失败的人。美国的一位知名企业家曾说过，他宁愿聘请那些经历过挫折、失败的人，而不愿去聘请那些一帆风顺、没有什么人生经历的人，因为他们很可能经受不起挫折，在挫折面前会崩溃。

我们也知道“失败是成功之母”，因为成功从来不会一蹴而就，只有那些敢于面对挫折，在挫折面前不逃避的人，才有资格获得成功。

愚公移山的故事相信很多人都知道，愚公之所以能够感动玉帝，派遣两个大力神下凡，背走两座山，就是因为愚公在挫折面前没有退让，而是坚持不懈，挖山不止。这正是面对挫折不回避，坚持战胜困难的智慧。假如愚公让门前的两座大山吓倒了，那么两座山就会一直在他的门前，他的出行也会继续困难。所以，面对困难，我们要做的是坚持，而不是逃避，只有这样，我们才能战胜挫折和困难。

在箫远十七岁的时候，他的父母不幸去世，留下他和年幼的妹妹。箫远的父母都是农民，一直以来都守着家里的几亩地过活。日子虽然不富裕，但是也还过得去。自从父母去世之后，生活的重担就落在了箫远的身上，他不得不接手了家里的田地。可是箫远并不会种地，虽然有邻居和亲戚的帮忙，但是收成依然少得可怜。

就这样过了两年，箫远已经是一个二十岁的年轻人了，但他依然不擅长农活。虽然他很勤劳，但是地里的收成却不见好转。这一天，家里已经没有一粒粮食了，箫远坐在院子里一筹莫展。这时候，妹妹放学回家，她告诉萧远学校要交二十元钱的资料费。

箫远一下沉默了，妹妹上学的钱无论如何都不能拖欠，但他确实一分钱都拿不出来。箫远张了张嘴，不知道该怎么和妹妹说。

晚上，躺在床上的箫远翻来覆去，想着白天妹妹懂事地说：“这次资料费先不买了。”箫远的心里很不是滋味。

从小到大，他们一家经历了许多挫折，以前有父母来解决，现在，箫远自己要来面对这些挫折，并解决问题。

第二天一早，箫远就来到了镇子上，在一家修车厂找到了一份学徒的工作。箫远非常珍惜这份工作，白天跟着师傅学手艺，晚上看从师傅那里借来的汽修方面的书，箫远希望有一天自己能成为修车师傅，能够挣到钱帮妹妹交学费。经过不断的努力，他的梦想终于实现了，一年之后，修车技术娴熟的萧远被老板转为了正式工。

生活当中，我们难免会遇到挫折，但是对待挫折的态度则决定了一个人的人生。对于那些整天把“为什么倒霉的总是我”“为什么又是我”经常挂在嘴上的人来说，他们的人生或许会一直“倒霉”，因为他们总在回避挫折，不敢面对。而那些能够勇敢面对挫折，并想办法解决问题的人，他们也许还会遇到各种困难，但是他们终将会迎来曙光。所以说，一个人要想与众不同，活得精彩，就要有坚强的意志，永不放弃的精神。无论面对什么样的困难和挫折，都不放弃自己的梦想和信念。

蔡戈尼效应：切莫半途而废

蔡戈尼效应是一种记忆效应，是指人们对于还没有处理完的事情要比已经处理完的事情的印象更为深刻。也就是说，人们天生有一种做事有始有终的驱动力，人们会忘记那些已经完成的工作，这是因为欲完成的欲望得到了满足，所以关注度会降低；而那些还没完成的事情会在有始有终的驱动力的驱使下时刻谨记。

这种记忆效应由心理学家蔡戈尼通过实验证明。二十世纪二十年代，蔡戈尼做了这样一个实验，她让被测试的人员做22件简单的事情。比如，写一首诗，或者做一件简单的手工制品、做几道简单的数学题等。完成这些工作的时间大致相等，都控制在几分钟内。不过蔡戈尼要求他们做完一半工作，另一半只要求他们做一部分。当然，允许做完和不允许做完的工作是随机的。在工作结束之后，蔡戈尼出乎意料地让这些人回忆自己刚才都做了什么工作。结果显示，那些没做完的工作有将近七成被记起来，而那些完成了的工作只被记住四成多一点。由此，蔡戈尼得出未完成的工作要比完成的工作更能引起人们的关注这一结论。

这是因为人们在处理事情的时候，精力会高度集中，但是当问题解决之后，人们的注意力就会放松，也就不容易记住了。而那些没有完成的工作则会一直受欲完成信念的驱使，想要一直做下去，直到完成为止。

但是蔡戈尼效应也容易让人走向两个极端：一是过分强迫，面对工作过于执着，非要一气呵成，不完成工作死不放手，甚至把其他重要的人和事都放在一边不管；另一种是欲完成的欲望太弱，做什么事都拖沓，而且经常半途而废，从来不会等到完成手上的任务再更换目标，他们也很难完整地完成一件事情。

一位成功的企业家在退休之前，应邀做一次演讲，讲述的是自己为什么能够有如此大的成就。

演讲这天，人们很早就来到了会场，但是很奇怪，在舞台的中央放着一个大铁架子，一个大铁球吊在铁架上。

这时候，两个工作人员抬上来一个大铁锤，企业家从观众中找了两位年轻力壮的小伙子，让他们用大铁锤敲打铁球，使它荡起来。

其中一个小伙子抡起铁锤，对着铁球用力砸了下去，但是铁球纹丝不动。另一个小伙子接过铁锤，铆足了劲向铁球砸去，“叮当”声在会场里回荡，但铁球依然未动分毫。

老人笑了笑，示意两个年轻人回到座位上，然后他从口袋里拿出一个小铁锤，对着铁球轻轻敲了一下；然后停一下，接着再敲一下。台下的观众疑惑地看着企业家，因为他们很难相信，大铁锤都敲不动的铁球，会被小铁锤敲得荡起来。但是企业家却还在用小铁锤敲着大铁球，一下接着一下。

时间一分一秒地过去了，观众席上有些观众已经开始不耐烦了，甚至有的人已经起身离开了会场。但是老人却不为所动，依然敲着铁球。十分钟过去了，二十分钟过去了。突然，前排的一个观众大喊了一声："球动了。"会场中的观众霎时安静了下来，他们静静地看着企业家和铁球。虽然铁球只是小幅度地晃动，还不太明显，但是随着老人一下一下地敲击，铁球晃动的幅度越来越大，最后拉扯着铁链"嘎吱嘎吱"作响。这巨大的威力震撼着会场里的每一个人，人们对企业家报以热烈的掌声。

最后，企业家把小锤放在口袋里，对会场中的听众说道："其实我的成功非常简单，就是坚持下去，不半途而废。"

所以，我们要应用好蔡戈尼效应，有效运用这一内在的驱动力，支撑我们完成工作。尤其是当我们遇到阻碍的时候，不要犹豫，只要我们努力的方向正确，就坚持下去，成功就会属于我们。

当然，蔡戈尼效应虽然是我们工作的内在驱动力，但是如果走向极端则会得不偿失，尤其是那些半途而废的人，注定一事无成。这些无法善始善终的人也许是害怕失败，也许是其他原因，总之他们在下意识地逃避，结果就是与成功无缘。

当然，大多数人没有走向这两个极端，而是在蔡戈尼效应的影响下，认真做着自己的工作，善始善终，坚持到底。因为他们明白，再小的成就也需要坚持。

水煮青蛙效应：一定要有忧患感

温水煮青蛙说的是一个从量变到质变的道理，揭示了由于对渐变的过程的适应性和习惯性，以致放松戒备招致灾难的道理。面对突如其来的灾难，人们通常能及时作出反应，应对灾难。但是在安逸的环境里，人们容易放松戒备，面对灾难也就失去了应对的能力。

在一个安逸的环境里，人很容易被一点点腐蚀掉，最终放纵、堕落。因为这个过程是在一点点变化中完成的，所以人们就会在不知不觉中蜕变了，等到他醒悟过来，一切已经晚了。如果是从“天堂”跌落到“地狱”，巨大的反差反而会激起他们抗争的斗志，从而迅速做出反应，解决问题。

“温水煮青蛙”来源于19世纪一所大学的生物实验课。生物学家将青蛙投入到40摄氏度的温水中，青蛙受不了突如其来的高温刺激，奋力从水中跳出，因而得以逃生。后来，科学家又把青蛙放在了冷水中，然后再缓慢的加热（大约每分钟上升0.2摄氏度）。这时，青蛙的表现就完全不一样了，它很惬意地呆在水温舒适的容器里。当温度越来越高，青蛙忍受不了的时候，它已经失去了逃出去的可能。这个实验告诉我们，越是在优越的、舒适的环境中，越要保持警惕，否则很容易乐极生悲。

看一看新闻报道中的那些贪官们，他们在忏悔的时候表示，自己被拉拢腐蚀的时候，大多是从小恩小惠开始的。他们第一次贪污的钱大多只有几百元或者几千元，还够不上刑法定罪的标准。而且送礼的人也都打着劳务费、过节费等名头，这让他们不用担心被摘掉乌纱帽。在这种感知不到危险的环境里，贪官们就像在温水中的青蛙一样，觉得舒适、安逸，内心的警惕性完全丧失，最终在糖衣炮弹的攻势下，完全堕落。

《孟子·告子下》：“生于忧患，死于安乐。”就是告诫我们，要有危机意识。其实忧患不值得畏惧，安乐才更要警惕。我们知道，一个人的未来是不可预测的，没有谁的人生能顺风顺水，期间必定会经历许多坎坷与挫折，当然也会有安逸的时候。正因为这样，我们才需要经常保持警惕，时时怀有危机意识。如此，在危机真正来临时，我们才会有所准备，不至于被打个措手不及。

齐德勇是一家广告公司的老板，在创业之初，他面临诸多难题。比如市场已经被瓜分得所剩无几；资金上也频频告急；专业人才不足等。但是一心想在广告行业闯出一片天地的齐德勇并没有被这些难题吓到。市场份额不足，他就从同行那里抢业务；资金不足，他就跑银行，拉投资；人才不足，他不惜跑到外地去挖人才。总之，这些困难没能阻挡他创业的热情，在一番努力之后，齐德勇的广告公司在业内迅速壮大起来，在众多实力强劲的对手中杀出了一条血路。

公司壮大之后，齐德勇开始有些飘飘然。他觉得自己能够在几年时间内，让一个名不见经传的小公司，成长为本地广告行业中的翘楚，足以证明自己能力非凡。而且公司已成为了当地最著名的广告公司，自己完全不用再像以前那样事必躬亲，披星戴月的忙碌。

没有了危机意识的齐德勇反而开始享乐了，经常出入高级会所，公司的事务也全部放手交给几个副总打理。没过几年，危机悄悄来临，本地的几个主要竞争对手，开始频繁挖墙脚、撬业务。既从齐德勇的公司高薪挖走人，又把被他抢走的业务又一一抢回来。

但是这一切齐德勇并不知情，因为他的几个副总也被人收买了。最后，等齐德勇反应过来之后，一切都晚了。他的几个副总带着公司的业务集体跳槽了。

洪水未到先筑堤，豺狼未来先磨刀。生活中的危机从来不知道会在什么时候来临，如果没有危机意识，只知道沉湎于安逸之中，意志必定会被消磨殆尽，内心的警觉性也会荡然无存，而智慧和能力也会每况愈下。如此一来，就会像一个废人一样。当危难袭来的时候，只会措手不及，不知如何处理、解决。

所以说，我们要常怀忧患意识，时刻做好准备，不做被温水煮着的那只青蛙。只有这样，在危难来临时，才会将损失减到最小。

苏东坡效应：小心自我认知的盲区

有一则古代小笑话：

一个官差押解一个和尚回官府复命。这个官差记性不好，临行前怕落下东西，就细加盘点，而且还编了两句词："包裹、雨伞、枷，文书、和尚、我。"一路上反复念叨，生怕忘了。另外，这个官差喜欢喝酒，每到住宿的地方，都会要些酒、菜。这天，两个人来到了客栈，官差照例点了酒和菜。喝了几杯之后，想到一路上和尚很配合，就喊他同饮。最后，官差被和尚灌的酩酊大醉。半夜，和尚将官差的头发剃光，并把枷锁套在了官差身上，然后溜走。

第二天，官差酒醒之后，看了看桌子，说道："包裹、雨伞，有。"然后摸了摸脖子，接着说道："枷锁也在。"又翻了翻文书，发现也在。可是一摸旁边，大吃一惊，说道："和尚不见了。"继而摸到自己的光头，喜道："还好，和尚在。"可是转而又想："我在哪呢？"

像官差这样的人是不存在的，一个理智的人是不会糊涂到这个地步。但是在现实生活中，确实存在不能认识"自我"的现象，当然，认识自我也并不是一件容易的事情。

苏东坡有诗："不识庐山真面目，只缘身在此山中。"其实，就是指人们对于时时刻刻都能接触到的"自我"，很多时候并不能正确认识，毕竟认识"自我"要比认识外部世界更加困难。社会心理学家将这种无法正确认识"自我"的现象称作"苏东坡效应"。因为从很早的时候人们就开始追问"我是谁""我来自哪里，将要去向何方"以及"我为什么而存在"等一些关于"自我"的问题。但是上千年过去了，人类依然没有弄清楚“我是谁”的标准答案，以至于发出了“人贵有自知之明”这样的感慨。

本世纪初，美国一名叫拉塞尔·康维尔的牧师在美国做了以“钻石宝地”为题的巡回演讲，此次演讲在美国引起了极大的轰动，他的演讲把美国人卷入了激情的漩涡。据说他一共举行了6000多场演讲，有一千六百多名学生在听完演讲之后，放弃了辍学的念头。

演讲中，这名牧师讲了一个早年游历中东时，从一个老向导那里听来的故事：很久以前，在离印度河不远的地方，住着一个叫阿里·哈菲德的年老的波斯人。阿里·哈菲德有农场、果园，靠着放贷吃利息，他也能挣到很多钱。哈菲德因为富有而满足，又因为满足而富有。可是，他平静的生活还是被打破了。一天，一位德高望重的祭司拜访了哈菲德，这位老祭司在本地是一个非常贤明的人士，大家都很尊敬他。祭司向哈菲德讲述了上帝如何创造世界；如何赐予地球美丽的山川河流；给予大地各种岩石、金属；并告诉哈菲德：“钻石是阳光凝结后掉落下来的物质。”老祭司告诉哈菲德，如果他能拥有一粒钻石，就能买下一座县城，如果他能拥有一座钻石矿山，他就能让自己的孩子登上王位。

钻石的传说让哈菲德觉得自己非常贫穷，他希望找到钻石，让自己变得更加富有。老祭司告诉他：“你只需要去寻找就可以了。”于是，阿里·哈菲德变卖了家产，外出寻找钻石，但是却一无所获，最终穷困而死。几年之后，人们却从他卖出的土地上发现了大量钻石。

康维尔用这个故事告诉人们：我们常常寻找的，恰恰就是自己手中的东西，也就是在告诉人们，我们要清楚地认识自己，了解自己，不要让“自我”陌生。当然，认识自我并不是一件容易的事情，因为每个人都有自己的长处，也有自己的短处，但是人们通常只是片面地看到其中的一面，以至于有的人变得非常自负，有的人变得非常不自信。

我们无法认识自我，很大程度上是我们不愿意去反省、审视自己，不愿意去看自己的内心深处，所以才无法发现面具下面的另一个真实的自己。所以，要想认清自我，就要有“吾日三省吾身”的精神，如此，才能真正了解自己。

另外，老子有云：“知人者智，自知者明。”意思是说了解他人的人聪明，了解自己的人明智。一个人如果能够深刻了解自己，就懂得如何扬长避短，知道如何发挥自己的长处，改正自己的缺陷，也就能更好地发挥自己的能力。一个人了解自己越清晰，就越能发挥潜能。所以，我们要认清自己。

第五章

情绪魔法盒：心态能改变世界

生而为人，难免会有各种各样的欲望，外化出来就是各式各样的情绪。不过对情绪的控制并不是一件容易的事情，如果情绪失控，失去了约束，势必会引起必要的麻烦。

野马效应：你是一个易怒的人吗

身高体健的野马奔跑起来风驰电掣，暴怒起来的野马更是连狼群都要退避三舍，因此，很多肉食动物面对野马也很谨慎。但就是这种高大健壮的生物，却败给了小小的吸血蝙蝠，甚至送了性命。吸血蝙蝠体型很小，最大的也不超过四十克。这种不起眼的小东西靠吸食其他动物的血生存，任何动物的血都能成为他们的食物。

攻击野马时，它们通常会吸附在野马粗壮的腿上，锋利的牙齿迅速刺入野马的腿部，然后挂在野马的腿上，悠闲地享受野马的血液。突如其来的攻击让野马很不舒服，它想甩掉这种难受的滋味，于是开始奔跑、蹦跳，但是吸血蝙蝠还是牢牢挂在它的腿上，无论野马怎么暴怒、狂奔，始终无法摆脱吸血蝙蝠。就这样，直到吸血蝙蝠从容不迫地饱餐之后，才会从野马腿上飞走。在这番“争斗”中，有些野马送了性命。而吸血蝙蝠从马腿上吸走的血，根本不足以致命，真正令野马丧命的是暴怒和狂奔。

吸血蝙蝠对野马丧命来说，是一种外在的诱因，而野马对外界诱因的激烈情绪反应是内因，也是野马丧命的根本所在。

动物如此，对人来说又何尝不是这样。不管是在生活，还是工作中，我们总会遇到各种各样烦心的事。如果因为一点点小事我们就情绪失控，大发雷霆，暴跳如雷，这样不仅于事无补，还会严重危害我们的健康。研究发现，经常发脾气的人很难健康长寿，其实很多人的健康状况就是被不稳定的情绪破坏的。因此，心理学家把人们因为情绪不稳，因芝麻小事而大动肝火，以致因别人的过失而伤害自己的现象，也称之为“野马效应”，也叫“野马结局”。

现在自省一下，看看自己是不是一个易怒的人。易怒的人通常情绪不稳，因此容易患上神经衰弱症。易怒的人通常多疑，总是杞人忧天，把事情想得太过复杂，他们总是显得很紧张，有一点小事不如意就会大发脾气。有一项调查显示，在高强度的工作下，有一半的人会出现易怒倾向。

情绪波动势必会引起生理和心理上的反应，当一个人发怒的时候，他的心跳会加快，呼吸会急促，相应的循环系统、消化系统、内分泌系统都会处于非正常状态；心理方面，容易发脾气的人通常比较焦虑，他们也没什么朋友，更谈不上什么社交。时间久了，他们就会变得比较孤僻，严重的会出现抑郁的症状，甚至是自杀。

所以，我们要学会调节情绪，避免经常性的怒火中烧，否则在愤怒中丧失了理智，最后伤害到的不仅仅是他人，也有可能会伤害到自己。而管理情绪对一个人来说是很重要的一件事，看一看古今中外的那些成功人士，都是善于管理情绪的人。另外，学会制怒，让自己能够心平气和地处理事情，这才更有利于事情的解决，也有利于身心健康。

当面对外界的挑衅时，我们不要像野马一样愤怒、失控，要保持冷静，这样才能找到问题的根源，把“吸血蝙蝠”真正处理掉。

俗话说：“忍一时风平浪静，退一步海阔天空。”在为人处世上一定不能刻薄，更不能动不动发脾气，要用一颗包容的心来面对外界，包容对方的过错，也包容自己。胸怀也是一个人修养的展现，通常胸怀宽广的人更吸引人，朋友也很多，事业也会更加顺利。

其实控制情绪并不是太难的事情，有人做过研究，要平复自己的情绪不需要太长的时间，大概就是一杯热水冷却的时间。当然，要想管理好自己的情绪，就要不断地提高、完善自己，加强自己的学识、修养，养成良好的性格、保持积极乐观的心态。做一个不容易愤怒、大度、宽容的人。如果遇到了让自己生气的事情，不放把注意力转移一下，等心情平复了再来处理；如果遇到了让自己愤怒的人，也不要暴跳如雷，不妨给对方一个微笑，因为微笑是化解恩怨的一剂良药。

因此，从现在起，管理好自己的情绪，不要成为那些愚蠢的“野马”。

“踢猫”效应：坏情绪会传染

董事长的司机无辜没来接他上班，导致他上班迟到，而且在路上还闯了红灯，被交警罚了款。来到公司，董事长心情不好，正好经理过来请示工作，董事长挑毛病把经理训斥了一顿，让他赶紧和客户签合同。

经理莫名其妙地被训斥，带着怨气回到了自己的办公室，这时候下属过来送文件，经理就把下属臭骂了一顿。被骂了的下属敢怒不敢言，出来之后接到妻子的电话，说买了一件衣服，心情不好的丈夫训斥妻子就知道买东西，妻子的心情瞬间被浇了一桶水。

好心情全无的妻子正好看到孩子在沙发上蹦蹦跳跳，就把孩子骂了一顿。被骂了的孩子十分委屈，正好家里的猫跳了过来，孩子二话不说一脚把猫踢开。受了惊的猫从窗子跳到了马路上，正好一辆车经过，司机为了躲小猫，却把路边的孩子撞了。孩子的父亲匆匆赶到医院，和肇事司机一碰面，愣了，原来肇事司机是经理，而孩子的父亲却是董事长……

这就是著名的“踢猫效应”，描绘的是一种典型的坏情绪的传染所导致的恶性循环。有关“踢猫效应”的版本很多，这个算是比较经典的，因为到最后报应落到了自己身上。

要想杜绝“踢猫效应”，就要控制坏情绪，只要坏情绪传播链上的任意一环中断了，“踢猫效应”也就终止了。

春日的午后，阳光很惬意，在一家咖啡店里，一位顾客指着桌子上的杯子，对面前的服务员说道：“你们的牛奶是坏的，这种劣质的牛奶你们也敢端给客户，把我好好的红茶都给糟蹋了。”顾客非常生气，语气很不友善，而且声音很高，仿佛是要咖啡店里的人都能听到。

服务员赶紧弯下腰安抚愤怒的顾客，告诉顾客是自己的服务出了问题，并表示会尽快给顾客换一杯新的。不一会，红茶端了上来，还有新鲜的柠檬和牛奶。放好这些之后，服务员轻声对顾客说：“先生，我可不可以告诉您，如果您要放柠檬，就不要放牛奶了，因为有时候柠檬会让牛奶结块。”

听了服务员的话，顾客的脸一下就红了，没有喝这杯红茶就结账走人了。其他顾客看到这幅场景，纷纷摇头，他们对服务员说：“这本来就是他的错误，你怎么不直接告诉他呢？”服务员笑着说：“客人的心情本来就不好，如果我直接指责他，就会引起争吵，我的心情也会被破坏。而我用婉转的方式告诉他，就不会引起争吵，好心情也就不会被破坏了。”

顾客听了服务员的话，纷纷竖起大拇指，并在领班那里给了她一个好评。

所以说，我们每个人都是“踢猫效应”链条上的一环，如果每个人都想着把怒火转移给下一个人，那么怒火只会不断增加，最后一发不可收拾。而且当一个人的心情被破坏之后，负面情绪的影响很容易会被放大，他们会把注意力放在不如意的事情上，最后形成恶性循环，大家的好心情都没有了。所以，切不可往下传递坏情绪。

人的情绪确实很容易受到影响，尤其是被批评、攻击之后，这个时候，如果我们不是忙着反击，而是静下心来仔细想一想前因后果，也许就能避免坏情绪进一步传播下去。被批评了，心情不好，很正常，如果因为心情不好就引发“踢猫效应”，只能是把矛盾激化，对解决问题一点好处都没有。

不只是坏情绪会传染，好情绪也会传染，所以，我们何必要把坏情绪传染给别人呢？因此，要学会控制情绪。当濒临愤怒的时候，先冷静一下，想想事情的前前后后，想一想愤怒会导致的后果。这个时候，情绪就会平复下来，就不会把坏情绪传染给他人。

每个人都有情绪变坏的时候，也会有不满的时候，如果一味地把坏心情向下属或者不如自己的人进行发泄，就会形成一条清晰的坏情绪传播链条，最后，坏情绪被最弱小的“猫”承受，也成为了最无辜的那一个。因为他们是最弱小的，坏情绪很大程度上会传递到他们这里。所以，我们都要努力管理自己的情绪，以免殃及无辜。

能够管理自己的情绪，也能避免无意中得罪他人，当然也会有效地减少自己的负面情绪，避免给自己带来负面影响。所以，千万不要无意中加入到“踢猫”的队伍中，不要被别人“踢”，也不要去“踢人”。

蝴蝶效应：小情绪通常会有大影响

气象学家爱德华·诺顿·洛伦兹曾在自己论文中分析了这样一个效应：“一个气象学家提及，如果这个理论被证明正确，一只海鸡扇动翅膀足以永远改变天气变化。”在以后的演讲和论文中，他用了更加有诗意的蝴蝶。也就是我们常说的“蝴蝶效应”。

对这个效应最常见的表述是：“一只南美洲亚马逊河流域热带雨林中的蝴蝶，偶尔扇动几下翅膀，能在两周以后引起美国得克萨斯州的一场龙卷风。”究其原因，是因为蝴蝶扇动翅膀导致其身边的空气系统发生变化，并产生微弱的气流，而微弱的气流的产生又会引起四周空气或其他系统产生相应的变化，由此引起一个连锁反应，最终导致其他系统的极大变化。也就是说，一个不起眼的小动作，却能引起一连串巨大的反应。

今天一整天，小张都闷闷不乐、心不在焉，工作上出了好几个差错，让领导狠狠训斥了一番。

下班之后，部门主任把小张叫到办公室，问他家里是不是有什么事情，为什么今天工作这么不严谨。起初小张支支吾吾不肯说，在主任的再三追问下，小张才把情况说清楚。

原来，今天上班的时候，小张在电梯里不小心踩到了经理的脚，虽然立即道歉了，但是小张觉得经理的脸色很不好。所以，小张觉得自己给经理留下了不好的印象，担心自己以后会被经理找麻烦。就这样，他一整天都在想这个事情，工作的时候也恍恍惚惚，结果就出了不少问题。

听完小张的话，主任忍不住笑了。他告诉小张，经理脸色不好并不是因为被踩了脚，而是因为一个很重要的项目没能拿下，心里窝火，所以脸色才不好。听完主任的话，小张才觉得释然。

对于"蝴蝶效应"，我们也可以理解为牵一发而动全身，有时候，一些微不足道的事情可能会影响一系列事件的展开。就像洛伦兹在研究中发现的，一些偏差会以指数形式增长，因此，一些微笑的偏差会随着不断推移而逐渐增大，最终造成巨大的后果。于是，洛伦兹得出结论：事物的发展结果对初始条件具有极为敏感的依赖性。

对情绪而言也是如此，消极的情绪会导致人们的活动积极性下降，而且消极的情绪还会影响人的生理和心理。尤其是在节奏越来越快、压力越来越大的今天。人们每天绷紧神经，心灵变得异常敏感，稍微受到一点刺激，就可能使得情绪一落千丈。如果周围的人也都处于高压状态，那么负面的情绪会很快传播开来，甚至波及到无辜的人。

"不如意事十之八九，可与人言无二三"，每个人都可能会遇到不如意的时候，也都可能被负面情绪传染上。当然，没有谁原意被传染上负面情绪，所以，当面对负面情绪的时候，我们就要学会调节，及时化解不良情绪，不要让它蔓延出去。

一位家庭主妇讲过这样一件事；

以前我的家庭生活可以说是一团糟，我自己每天闷闷不乐，孩子、丈夫也是愁眉不展，家庭就像被愁云笼罩一般，没有生活的气息。

后来，一次偶然的机会，我在镜子里看到了自己，那是一张充满疲倦的脸，紧锁的眉头、忧伤的眼睛、苍白的脸色……这让我大吃一惊。我开始想，我的孩子、丈夫每天面对愁容满面的我，他们会是什么感觉呢？这时我才意识到，孩子和丈夫对我总是沉默，根本原因在我这里。

当晚，我就和丈夫进行了长谈，第二天我制作了一块木牌，挂在门上，上面写着：进门前，请脱去烦恼；回家时，带快乐回来。我们时刻用这块木牌提醒自己，要用良好的情绪来面对家人。结果，我们一家人越来越和睦，家庭生活也越来越和谐。

这个案例告诉我们，不管是在生活，还是工作中，要心怀体谅，要传播正能量，这样，负面情绪才能被扼杀，周围才能布满阳光。

所以，做情绪的主人，千万不要因为情绪毁了自己的学习、生活和家庭。

对比效应：不要被嫉妒困扰

对比效应也叫“感觉对比”，原来是指在绩效评定中，他人的绩效影响了对某人的评定。

放在心理学上，是指同一刺激因背景不同而产生的感觉差异的现象。比如，把同一种颜色放在比较暗的背景上看起来就明亮一些，放在比较亮的背景上，看起来就比较暗一些。

对比效应在记忆方面也很有效用。比如，两种不同的事物同时出现或者相继出现，要比它们单独出现产生的记忆更深刻。这是因为，两种事物会产生比较，在大脑皮层中产生相互诱导的作用，从而加深了印象。如果单独出现，没有了比较，也就失去了诱导作用，记忆自然就平淡了。具体到情绪方面，就是不要过分对比，以免产生嫉妒情绪，最后因为嫉妒毁了自己。

嫉妒是一种非常普遍的情绪，也是一种不健康的心态。嫉妒也属于情感范畴，就是看到自己不如别人时，会有强烈的想要排除对方超越，或者极力贬低对方的情绪。有的甚至会外化为行动，破坏、污蔑、诋毁对方，可以说是一种憎恨感很强烈的情绪。

一般来说，嫉妒心重的人在性格上比较好强，但是自制力比较差，而且心胸狭隘，比较看重自我，也就是比较自私，对他人不够关心。

从个性特征来看，妒忌心重者通常好胜心强，自制力差，心胸较狭窄，注重个人得失，不会关心别人，也就是比较自私。

能够引起嫉妒者嫉妒心的情形大体有这几种：一、比不上对方，或者和对方不相上下，但是却没有对方那样的机会，所以嫉妒；二、确实不如对方，但是没有自知之明，反而因为挫败感产生压力，因此产生嫉妒心；三、和对方就某一事件产生分歧，但是其他人却支持对方，因而产生嫉妒心；四、两个人年龄、学识等各方面条件相差不大，但是对方却已经做出了不一般的成绩，而且在地位上也很优越，嫉妒心也就随之产生。

其实，嫉妒心每个人都有，只是有的人表现的不明显而已。嫉妒心是一种不健康的心理，因为嫉妒会消耗一个人太多的精力，使其不能把主要精力用在事业上，最终让嫉妒者失去上进的动力，反而热衷于勾心斗角。所以，嫉妒者要想办法摆脱这种心态，要胸襟宽广，有容人之量，使自己具有良好的修养和高尚的品格。

另外，嫉妒者因为被嫉妒心蒙蔽了双眼，看问题只看有利于自己的一方面，不能看到事情的本质，而且很容易凭主观臆测对方。即便事实摆在面前，他们已经意识到自己是片面的、偏激的，但是嘴上也不会承认。要改变这一状况，就要学会客观公正、全面地看问题。

嫉妒者还会因为嫉妒心对比自己优秀的人设置障碍，阻碍对方进步，这是不道德的表现。如果嫉妒者能够意识到这一点，他们就会自觉克服嫉妒心。对嫉妒者而言，最主要的是树立自信。嫉妒者之所以会嫉妒别人，是因为当发现自己不如对方的时候，他们不是靠树立自信让自己努力超越对方，而是靠嫉妒来发泄不满；他们不会反省自己的不足，不会吸取教训，而是单纯地靠嫉妒对方，来发泄内心的郁闷。

所以，嫉妒者只有树立自信心，才不会妄自菲薄，才会在失意的时候加倍努力，才会取长补短，真真正正地提高自我。而不会用自己的长处去和对方的短处比较，也不会暗暗自卑，嫉妒中伤他人，让自己更加没有信心。

每个人都要对自己有一个清醒的认识，能够正确对待自己，客观评价自己；不盲目自大，也不妄自菲薄；能看到自己的长处，也能了解自己的不足。知道自己要努力的方向，也明白自己的亮点在哪里。这样，嫉妒心才会被克服，人生才会更轻松。

相传很早之前，在南方有个教会，里面有位非常优秀且突出的牧师，深得教会成员的欢迎和喜爱。这不可避免地引起了教会里一位女性的不满，为表达自己的不满，她采取了极端的措施，到处造谣，说这位牧师的坏话。一传十，十传百，有些信徒不明事理地跟着她瞎起哄。在谣言的驱使下，牧师身心俱疲，不久便得了重病，最终选择离开教会，前往另外一个教会。然而，当这位牧师离开之后，教会的成员才感到深深的愧疚和自责，纷纷感念起牧师的好，然而一切都太晚了。久而久之，教会内部的矛盾也不断出现，这个教会也走向衰落。

其实，生活中很多人就像教会里的人，因为财富、地位、声誉、学识等方面的差异产生嫉妒，排斥那些优秀的人。所以，我们一定要学会管理自己的情绪，不要被嫉妒困扰。

牢骚效应：让对方宣泄一下

生活和工作中，总会有不如意的地方，但是愿意听别人抱怨的人却不多。让对方把心中的不如意说出来，也是增进双方感情的一种方法，而且效果通常不错。

哈佛的心理学教授曾做过这样一个“谈话实验”：让专家找工人谈话，并且要求他们在谈话过程中要耐心倾听工人的不满和对工厂的牢骚，并做好记录，但专家对工人的不满不能进行反驳。这项研究一共持续了两年，两年里，专家们和工人们的谈话不下两万次。

通过这两万多次谈话，心理学教授发现：凡是公司中有对工作发牢骚的人，那家公司或老板一定比没有这种人或有这种人而把牢骚埋在肚子里的公司要成功得多——这就是“牢骚效应”。

牢骚效应告诉我们：人们会有各种各样的愿望，但能实现的不多，对于没能实现的愿望，难免会有不满的情绪，对这种情绪不要压制，说出来会更好，这会让人心情舒畅，从而提高工作效率。

在现实生活中，愿意听我们牢骚的人多是我们身边的亲人、家人，或者亲近的朋友。平时我们总是把自己的情绪隐藏起来，工作中受了委屈也不愿意向同事或者上司诉说，反而会向家人和朋友倾诉。

社交场合，愿意倾听他人牢骚的人，一般人缘不错，因为能够让对方把不满发泄出来，会让对方产生亲近感，从而拉近两个人之间的距离。所以，当你愿意倾听对方的抱怨、牢骚时，你们两个人的友谊就近了一步。

唐太宗是历史上有名的明君，他在朝堂上能倾听大臣的谏言，在私下也不敢放纵，甚至因为要听魏征的谏言，把心爱的小鸟在怀里闷死了。因此，私下里他经常会说要砍了魏征的头，这些牢骚通常是说给长孙皇后听的，长孙皇后一边安慰太宗，一边开导他，帮他宣泄心中的不满。也正因为长孙皇后经常帮太宗疏解心中的烦闷，她也成为了太宗最宠爱的皇后。

生活中，没有多少人愿意听别人的抱怨、牢骚，因为对方的负面情绪势必会影响到自己的心情。事实也确实如此，但是分担别人的痛苦，也未尝不是一件好事。

对方并不是需要你帮助出主意，也不需要你给予什么帮助，只需要你静静聆听。这时候不妨让他们把心中的不满发泄出来，我们要做的就是附和一下，或者和他们一起把他不如意的事情一起骂个痛快。不平之气发泄完之后，你会发现，两个人之间的距离拉近了。

允许对方发泄不满，对解决事情也很有帮助。刘亮他们公司最近为客户做了一个广告策划，客户很满意，但就迟迟不付款。公司和对方进行了多次交涉，但就是没有结果。对方不是抱怨广告效果不好，就是指责广告公司服务不好，前去收款的人被搞得不知所措。最后，公司派出了一个平日里比较沉默寡言的员工，这位员工到了客户那里，什么都没说，只是静静地听对方抱怨、牢骚，包括对方对公司的不满、对广告的不满，以及其他方面的抱怨，这位同事只是间或附和一下。这位同事一连去了五天，到了第六天，客户没再抱怨，而是很痛快地付了款，还在他们公司预定了另一个广告项目。

让对方把心中的不满宣泄出来，更有利于事情的解决。因为人都有“歉疚心”，当你无条件让对方宣泄了负面情绪，对方也会觉得不好意思，自然会尽量补偿对你的歉意。

牢骚效应实际上讲的是一个“堵”与“疏”的问题。这就像一个水池一样，当流通不畅，慢慢的就会堵住了，水从上边漫出来了。当流通顺畅时，杂质就随下水流走了，水池就不会堵了。

所以说，聆听对方的牢骚，有利于问题的解决；引导对方表达自己的不满，能拉近两个人的距离；允许员工宣泄，则能避免激化矛盾。

相互效应：忘掉仇恨更轻松

复仇心理，相信很多人都有，对于那些曾经伤害到我们的人，我们总会生出报复心理。如果对方比我们强大，我们也会把仇恨埋在心里，等以后有机会了再进行报复。比如，被同学欺负了，我们可能当时就会打回去，也可能当时不动声色，但心里却记恨上了，一旦有机会就会伺机报复；再比如，同事抢了自己的客户，我们可能听从领导话暂时不计较，但心里却记恨上了，一旦有机会就会伺机报复。

对于这些行为，我们并不认为有什么不对，因为我们也常说“君子报仇，十年不晚”“有仇不报非君子”，而且有的复仇反而被津津乐道，一直流传至今。比如，伍子胥复仇的故事；越王勾践“卧薪尝胆”，最终灭了吴国，报了大仇。“卧薪尝胆”这个成语也流传了下来。

但是生活中我们也经常被提醒要宽恕。比如，我们要“以德报怨”，要有一颗包容的心等。比如佛教也讲：即便别人对我们造成了伤害，我们也不要记恨对方，更不能报复对方，而是要善待那些伤害过我们的人。西方的《圣经》中也说：如果有人打了你的左脸，你不妨把右脸也伸过去给他打。不要用暴力来与恶人作对，要用爱来征服私心、感化世界。

这样的道理看上去很不合理，但是仔细想一想，又有它的道理。就像培根说的：“一个念念不忘旧丑的人，他的伤口将永远难以愈合，尽管那本来能痊愈的。”这是因为，如果记恨一个人，势必会时时提醒自己，对方曾经伤害过我们，这无疑是让自己接受更多次的伤害，让自己更加痛苦。即便最后报复了对方，这样的记恨也不会立即消失，反而会久久困扰我们。另外，每个人的心是有一定容量的，如果记恨一个人，势必会占据一定的空间，这样，生活中一些快乐的事情，就无法再装进到我们心中，我们是不是会错过许多快乐的瞬间。为了伤害过我们的人失去许多幸福，这显然不是什么明智的事情。

在生活和工作中，我们难免会和别人发生误会、摩擦。如果只是把注意力放在报仇上，就没有时间和精力来专注于自己的事业，最终会被仇恨堵塞住前往成功的道路。

古希腊的神话故事里，有一则是关于“仇恨袋”的故事。说的是大英雄海格力斯是一个所向披靡的、无人能敌的大力士。这天，他行走在一条狭窄的山路上，突然一个趔趄，差点被绊倒在地，他定睛一看，地上躺着一只袋囊。海格力斯很生气，用力踢了袋囊一脚，袋囊不但纹丝未动，反而胀大了许多。海格力斯更加愤怒了，挥拳猛击袋囊，只是袋囊又增大了几分。气愤不过的海格力斯，抽出木棒对着袋囊猛砸起来，随着挥舞的棍棒，袋囊越来越大，最后把整条山路都堵上了。海格力斯则累得气喘吁吁，躺倒在地。

这时，一个智者路过，看到地上的海格力斯，又看了看袋囊，对海格力斯说：“朋友，你大概惹上了‘仇恨袋’，如果你不惹它，或者绕过它，它就小如当初，不会跟你过不去；但是你要侵犯它，它就会膨胀，挡住你的去路。”

其实人生在世，难免会发生摩擦、误解甚至是纠葛、恩怨。但是把这些都记在心里，就像是装着“仇恨袋”，势必会增加生活的负担，甚至让人心理扭曲，到了最后，把自己的人生之路都堵塞了。所以，放下仇恨才能更好地前行，才能过得更加幸福快乐。

倾诉效应：排解情绪的好方法

生活不会事事如意，每个人都有心情烦闷的时候，如果经常性的抑郁，不仅会对身体产生伤害，还会对心理造成极大的伤害。此时，倾诉就成了释放压力不错的办法。

人确实很奇怪，有时候心大的能包容万物，有时候小的针尖都藏不下。当内心被一些烦闷的事情郁结，就需要有一个发泄途径，倾诉就能很好地缓解这些负面情绪。有这样一个故事：一位理发师偶然知道了皇帝长着驴耳朵，这个秘密在理发师的心里就像杂草一样，让他烦闷不已，但是他又不敢说出去，因为这是杀头的大罪。

这天，心情郁闷的理发师来到了山上，在树林里转悠。突然，他看到一颗非常大的树，这棵大树上有一个很大的树洞。理发师灵机一动，对着大树大喊："皇帝长着驴耳朵，皇帝长着驴耳朵。"喊完之后，理发师发现心情舒畅多了。

倾诉烦心事、倾诉压力能很好地缓解压力。女人寿命平均高于男人，和女人爱唠叨有一定的关系。当女人诉说心中的不快时，还会流下忧愁的泪水，倾诉帮助她们排解了内心的忧郁，泪水也排除了身体的毒素。男人会怜惜这些楚楚可怜的女人，但是却不愿意倾诉心事。可能是碍于面子吧，多数时候，男人都是以坚强来展示自己，或者用其他方式来发泄。比如，吸毒、酗酒、纵情声色。这些方法只能解决一时的问题，长期下去会毁坏身体，也会破坏家庭。所以，男人也要学会向家人朋友倾诉。

很多时候，我们会有这种感觉，当我们想要倾诉的时候，心里就已经有所缓和了，心理学家认为这是倾诉的欲望中掺和了不良情绪。即便是不和其他人倾诉，自己对自己说说心里话，也能让心情放松，而且还不怕隐私公开。

倾诉会让我们放松下来，是因为我们把过度保护自己的硬壳褪掉了；不再过分地封闭自己，会让我们变得宁静。所以，不妨把自己的心事倾诉一番，这样能让心灵不再沉重。其实心理健康了，身体的健康状态也会有很大改善。

镇江的高女士是一位优秀的职场白领，对工作尽心尽力，使得整个部门的工作大为改观，也为公司带来了丰厚的业绩，因此她被提升为部门经理。可是还没来得及品尝事业成功带来的快乐，高女士就先品尝了背叛的辛酸——结婚七年的丈夫有了外遇。这个坚强的女强人一下子“枯萎”了，员工再也见不到她叱咤风云的英姿，看到的是一个憔悴不堪的女人。

后来，经过朋友的劝说，高女士走进了心理诊所。刚坐下，她就伏案痛哭，哭过之后她感觉轻松了许多，随后就把这么多年来积聚在心里的不快通通倒给了医生。虽然医生并没有给她提出什么切实可行的意见，但是那个果敢的女强人还是回来了。

后来高女士和丈夫离了婚，把所有的精力都放在了工作上，在事业上取得了非凡的成就。

现实生活当中，我们很难避免外界的压力，如果总是接受压力，而不能释放压力，势必会影响我们的身心健康。不管是谁，都需要倾诉，当我们在倾诉后，心情会放松，也会得到他人的理解。情绪本身也是一种能量，只有压抑和宣泄两种途径，很难被消灭。负面情绪积聚太多终究需要一个宣泄的出口，但是有些人选择了错误的出口。比如，酗酒、发怒、自杀、人格变态等，这些宣泄的方式也恰恰证明了被压抑情绪的严重性。可是我们也要知道“借酒消愁愁更愁”，自杀更是不可取的，这些方法除了损害健康，损害生命之外，一无是处。

有时候，我们可能看不开的问题，在经过朋友的提醒后，就会豁然开朗，所以我们不妨让内心开放一点。当有压力、悲伤、抑郁的时候，要及时找朋友、亲人倾诉，进行合理宣泄。这样不仅能让我们的心情轻松起来，也能增进和朋友的友谊，和家人的感情。

黑羊效应：凡人皆恶魔

每个人都觉得自己是好人，即便加害事件发生了，每个人都会忙着为自己辩护，以证明自己是个好人。就像卡耐基的《人性的弱点》一书中提到的一些十恶不赦的犯罪分子，他们也不承认自己犯了罪，相反，他们认为自己对这个社会做了贡献，是人们误解了他们。

当然，没有人原意做一个坏人，反而都想做一个善良的人，但是生活中却总是会有伤害、委屈和欺凌。在现实生活中，相信很多人都遇到过这样的情形：一群好人欺负一个好人，其他好人却坐视不管。没错，大家都是好人，但大家都在犯错。这在心理学上被称为“黑羊效应”，其中有这样几个角色：

黑羊（受害者）：他们大多是某个场合的新人，虽然什么都没做却免不了被欺负。

屠夫（施害者）：认为攻击别人很有趣，有的仅仅是盲从。

白羊（旁观者）：目睹整个过程却没有制止，只是庆幸自己没有被卷进去。

关于“黑羊效应”有这样一个案例

S 医生是 A 精神病院的主治医生。一天夜班，他接到急诊，一位曾在 B 医院接受过治疗的精神病患者在家中发病，情况严重，有可能危及到自己和家人的生命。现在警方会同本地 C 医院的医护人员赶赴现场。但是 C 医院已无病床接收这位病人，B 医院也是同样的情况。现在能够接受病人的只有S医生所在的A医院。

很快，病人被送到了，陪同病人来的还有他的妹妹。不过病人在车上被打了镇静剂，显得很冷静，S医生和他进行了简单的交流，就给他办了入院手续。病人的妹妹说明天会送来患者的病历卡。次日，患者的妹妹没有出现，患者依旧比较冷静，与入院时描述的暴躁情况有太大的出入。

一周之后，患者并没有任何病发的现象，患者的妹妹也没有再出现。在和患者的交谈中，S医生了解到，患者的妹妹同样患有精神疾病，这次犯病的是妹妹，并不是自己。而报警的是自己，只是警察来了之后，妹妹抢先把哥哥的病历拿了出来，结果哥哥就被当作病人送了过来。

S医生很吃惊，向警方询问情况，得到的回答和患者的描述一致。S医生再次询问患者，为什么当时不说明情况。患者表示，自己说了情况，但是没有人相信他。

在这场事件中，大家都是出于好意来帮助患者，包括警察、医生、护士以及社工。这个时候S医生该怎么做，说出实情？那么结果会怎么样呢？就是所有参与此次事件的人包括医生、警察、护士、社工师等，就会成为冤枉人的笨蛋，而且很有可能惹上官司。

而S医生的决定势必会影响到这些人的“声誉”，甚至安全。当然，如果告诉这些人真相，他们很大程度上不会承认自己的失误，反而会寻找“充分”的证据来证明这位“患者”就是精神病。而且说出真相，S医生本人也避免不了责任。

因此，这件事情最后的、也是很多人认为的最好的结局，就是牺牲这位“患者”几个礼拜的自由……

但是这位什么也没做、什么也没错的患者就成了真正的受害者，为了遮掩那些人的失误，当然，这一失误并不是出于恶意。

这个事例有很多巧合，但是生活中却实实在在存在这样的事情。

比如，在职场当中，新入职的员工难免要为老员工跑腿，或者为他们的失误买单。当然，并不是所有的人都是出于恶意欺负新员工，有的可能是玩笑，有的也可能是无意中伤害了新员工。但是这些人无一例外不会意识到自己犯了错，即便真意识到自己的行为不妥，也会躲在集体共犯结构之内，进行自我安慰。

因此，要想杜绝“黑羊效应”，就需要真相，需要敢于面对自己错误的勇气，及时纠正自己的错误，或者及时站出来制止错误。

蜕皮效应：要不断地超越自我

相信很多人见过毛毛虫破茧化蝶，也见过蛇的蜕皮，甚至还有传说，老鹰过了 40 岁，要想再次展翅高飞就要拔毛断喙，意思是说，拔掉羽毛，敲断鹰嘴，拔掉老化的爪子，让这些再重新生长出来。这种做法在动物界叫蜕皮，心理学上有个蜕皮效应，就是说人要想一次次成长，就要不断经历挑战，不断超越自我。

人都有追求安全的心理，为了获得安全感，很多人愿意待在熟悉的环境里，或者保持一成不变的生活。这样确实比较安全，但是却也限制了前进的脚步。现实中有很多故步自封的人，最终被抛离出主流队伍。所以说，我们要想变得强大，能力出众，成就非凡，就要不断地挑战自己，超越自己，也就是要不断地“蜕皮”。

有些人喜欢憧憬，憧憬明天的美好，憧憬未来的辉煌，但是却从不为这些憧憬做些什么；有些人总是失落，总是悔恨，为过去不曾努力悔恨，但是悔恨之后依然故我，不曾有丝毫改变。也许他们自己都不曾察觉，他们的日子就在憧憬和悔恨的交替中流逝了，但是他们的日子却没有丝毫的改变，仍是一成不变。

看过这样一则故事：

美国的一个推销员过得穷困潦倒，甚至一度要睡在公园里。但是他却总认为是没人欣赏他的才华，认为自己是怀才不遇，觉得所有的一切都在跟自己过不去。平安夜，每一个家庭都洋溢着节日的氛围，张灯结彩，这位推销员却独自一人坐在公园的长凳上唉声叹气。回顾过去，他发现自己已经连续几年都是在公园的长凳上过平安夜了。

看着脚上破旧的鞋子，推销员长叹道："今年还是要穿着这双破旧的鞋子过节了。"所有的不如意仿佛全集中在了他的身上，最后推销员甚至产生了轻生的念头——跳河自杀。

就在他在河边辗转，准备跳河的时候，传来一个声音："能够穿鞋真是太好了，可是我却没有这个机会了。"推销员循着声音看去，发现有位姑娘坐在轮椅上，膝盖以下的部分已经不见了……这时，他才意识到，和这个下半生要在轮椅上度过的姑娘相比，他已经非常幸福了。

后来两个人在河边聊了很久，打开了各自的心结，都有了活下去的勇气。这次事件之后，推销员再也没有抱怨过，开始不断发愤图强，职位逐步高升，终于成为了出色的销售经理。

很多时候，人们感觉不到自己的负面情绪，只是觉得这个社会对自己不公，因此就不愿意为自己做出改变，做出更多的努力，结果就是一点点"堕落"。而人生就是要不断地挑战自我，超越自我，只有把每一天都过好，每一天都取得一点点进步，才能一直前进，才能越来越幸福。

《阿甘正传》这部高品质的励志影片，相信很多人都看过，这部影片曾经获得过六项奥斯卡大奖的电影，激励了许多人，也唤醒了很多沉睡的人。

影片的主人公阿甘是个智商只有75的低能儿，但是在母亲的关怀和鼓励下，他走出了自卑的阴影，并且执着地把握每一天，过好每一天。

在学校里，被同学欺负的时候，他就用奔跑来对付他们，就这样他顺利跑进了一所学校的橄榄球场。在球赛中，他总是以最快的速度甩开对手然后得分，这一执着的表现把他送进了大学，甚至成为橄榄球巨星，受到总统的接见。

在这之后，阿甘凭借着一次次蜕变，创造了一个又一个辉煌的成绩。

古今中外，很多成功人士的事例都证明，只要敢于“蜕变”，就一定能够不断前行，最终取得非凡的成就。所以，不要害怕“蜕变”带来的阵痛，通过“蜕变”让自己成长起来吧。

杜利奥定律：正面情绪的力量

美国作家杜利奥曾说过：人一旦失去热诚，等待他的就只是垂垂老矣；一旦精神状态不佳，所有的一切都会不佳。这就是著名的杜利奥定律。

很多时候，人与人之间的差异并不大，但这不大的差异最后却让人生产生了巨大的差异。这不大的差异很多时候是心态的差异，巨大的差异就成了成功和失败。成功的人，心态都很积极，能乐观地面对生活、工作中的困苦；消极的人则比较颓废，看事情总是看不如意的一面；对工作、对生活很难有热情，因此很难有什么成就。

有这样一个小故事：

在一家医院的病房里，住着两个病人，一个靠窗，一个靠墙。靠墙的病人每天唉声叹气，为自己的病情担忧。靠窗的人则经常给他讲窗外的风景：院子里的花开了；蜜蜂过来采蜜了；蝴蝶在上边翻飞；园丁在花园里修剪花草……生动的讲解让靠墙的病人仿佛也看到了外边的风景，他的心情好了许多。后来，靠墙的病人羡慕起靠窗的病人。这天夜里，靠墙的病人听到自己的病友在呻吟，声音很痛苦。靠墙的病人犹豫再三，最后还是没有叫医生。第二天，靠窗的病人死了。经过申请，之前靠墙的病人搬到了窗前。当他向窗外望去，并没有看到鲜花、蝴蝶、蜜蜂、园丁，因为窗外只是一堵墙。

故事中的“窗”和“墙”有两层意思：一是现实中的窗和墙，另一层是心里的“窗”和“墙”。现实中的窗和墙给人带来的阻碍是实实在在的，不以人的意志为转移。而心里的“窗”和“墙”其实是心态，是积极心态和消极心态。如果心里竖起了墙，即便靠窗也看不到外边的风景；如果心里开了窗，即便外边是高墙，也一样能放飞希望。

生活中确实有一部分人，年纪轻轻毫无生气，也没有人生的目标。对这些人而言，昨天、今天、明天并没有什么区别，过一天算一天而已。这样的人因为没有人生目标、没有激情，对生活没有热情，最后只能碌碌无为，平淡地过完一生。

心态积极与否，决定了这个人的生活是阳光的还是灰暗的。同样的半杯水，积极的人会说：“真幸运，我还有半杯水。”而消极的人则会说：“真倒霉，就剩半杯水了。”

小军就是一个很乐观的人，不管面对多么糟糕的状况，他都会积极面对。当别人问他最近怎么样，他会说：“我过得很快乐。”

有一天，小军遭遇了严重的车祸。

幸运的是，他被及时送到了医院，经过十几个小时的抢救和半年多的恢复，他出院了，只是左腿在这次车祸中留下了后遗症——阴天下雨的时候会麻痹，疼痛。

后来在一次聚会上，一位朋友问他近况如何，小军还是说：“我过得很快乐。”后来，他们聊到了那场车祸，朋友问他当时想了什么？小军回答道：“我躺在地上，想着自己是要死，还是要活。我选择了后者。医护人员也不断安慰我，但是我从他们的眼睛里看到了绝望。在把我推进手术室的时候，我觉得他们像是在看‘死人’，所以我决定做点什么？”

“那你做了什么？”朋友问。

“有个护士问我感觉怎么样，我想了想说感觉还不错，听到我的话，医生和护士们愣了一下，看着我，我接着说：‘这么漂亮的护士在旁边，感觉真的不错。’听完我的话，医生和护士也笑了起来，我接着说：‘请把我当活人来医治，而不是死人。’”

这个案例告诉我们，不管身处何种境地，我们都不能对生活失去希望，只要我们乐观地去面对，就能成为快乐的主人。积极的心态是一种无价的珍宝，每个人都想得到它，但并不是谁都能拥有。

我们要把积极和消极的心态看作是两根材质相似的木头，一根因为被点燃而发热、发光，一根因为被丢弃而发霉、腐烂。人生也是如此，只有点燃（保持积极心态），才能让生命更加有光彩。

第六章

职场万花筒：四两拨千斤的技巧

职场，现代人赖以生存的地方，这里有挑战、有博弈、有对手、有领导……怎样才能玩转职场万花筒呢？

蘑菇效应：经得住考验才能成长

蘑菇生长在阴暗的角落里，得不到阳光，也没有肥料，很不起眼，只有长到足够高的时候，才能引起人们的关注，这个时候，它们自己也能够接受阳光了。人们把这种现象叫做“蘑菇效应”。蘑菇管理则是对组织的初学者、入门者的一种管理方法：指刚入职的员工总会被安排做一些不起眼的工作，也得不到重视。当锻炼一段时间后，他们的工作有了起色，就开始被他人关注，并得到重用；如果工作始终没有起色，就只能被边缘化了。从传统观念来看，“蘑菇经历”是一件好事，它对人才的成长是一种磨炼，也能很好地锻炼人的意志力和耐力。

小艾大学毕业之后不知道找什么工作，后来，在同学的邀请下，来到了网络公司做网络编辑。但她本身是一个外向的女孩子，每天坐在电脑前找资料、传资料很不符合她的个性。于是，没工作多久，小艾就辞职了。

没过多久，她又找了一份业务员的工作，因为大家都认为她更适合跟人打交道。刚开始，小艾觉得工作挺有趣，但是三个月之后，她发现自己并不喜欢这份工作。因为她是一个直率的人，不喜欢拐弯抹角，更不擅长逢场作戏，所以在推销的时候，吃了几次亏。

虽然她也安慰自己，也许过段时间，就会适应这种工作了，现在吃点亏无所谓，但最后她还是辞职了。

随后，小艾连着换了几分工作，耗费了两年多的时间，却始终没有找到一份适合自己的工作。而她的几名同学，经过两年多的努力，已经成了网络公司的中层领导，前途可以说是一片大好。再看看自己，小艾有种莫名的失望。

没有谁是一帆风顺的，失败、落寞、低潮都是对一个人的考验，也能磨炼一个人的能力和品质。而苦难和成功又有着千丝万缕的联系。那些经历了苦难，并坚持下来的人，通常在最后都会取得不错的成就。

以中国的企业家来说，例如：马云和马化腾，在他们创业过程中都经历过各种各样的磨砺，但是他们从来没有想过要放弃，无论是在低潮期、还是在困境中始终坚持着，一点点积蓄力量，慢慢的成长，现在，他们已经成为中国首屈一指的企业家了。所以说，要想成功，就要耐得住寂寞，要经历得了磨难。

弥尔顿曾说过："能承受一切磨难的人，才是真正伟大的实干家，他们能成就一切。"确实，生命本身也是一场磨难，我们无法预计会出现什么样的困境，也不可能知道谁能拯救我们。所以，不要抱怨，也不要沮丧，只要静下心来，耐心地积蓄力量，总会有出人头地的一天。

对于苦难、考验，人们所持的态度是不一样的，也就造成了不一样的人生。但是人生的考验无法回避，虽然有些考验非常残酷。但是这也不意味着你的人生到此为止，相反，它很可能是你人生的一个转折点，前提是你能经受住这些磨难，因为这些磨难会成为你前进的动力，促进你不断成长，不断创造辉煌。现实生活中，却有太多的人没能坚持下去，也就无法见证风雨之后的彩虹。

成功与失败，两者之间很多时候差得并不多，可以说是一步之差，结果却是天壤之别。造成这一差距的就是有没有决心向着自己的目标前进，有没有挑战残酷考验的胆量。

所以，初入职场，做一段时间"蘑菇"，并没有什么不妥。可能大家都希望有一个慧眼识珠的上司，能够一眼看到自己的能力，并对自己委以重任。可事实并非如此，每一个进入职场的新人，都会经历一段“打杂”的岁月，干着自认为非常“简单”的事情，上司似乎也没有让他们担当重任的打算，这着实让人郁闷。如果遇到这种情况，不要抱怨，反省一下自己，是不是自己真的把所有的工作都做好了；自己是不是真的能独当一面。只要你的能力真的很强，上司是不会视而不见的。

一个人只有经历过生活的磨炼，才会懂得，要想实现自己的理想，苦难才是最好的礼物。经历过生活的磨炼，才能有信心去迎接更多的挑战；才能更平静地面对人生中的困境；才能更镇静地面对失败；才能在正确的人生道路上勇往直前。

总之，初入职场的人必须学会忍耐，只有经历住各种考验，才能成长，才能更好地胜任自己的工作。

囚徒效应：了解你的对手

囚徒效应一般指的是囚徒困境，是指两个被捕的囚徒之间的一种特殊博弈。

这个故事是这样的：两个嫌疑犯作案之后被警方逮捕，警方分别把他们关在不同的屋子里受审。警方知道这两个人都有罪，但是却没有直接的证据。于是，警方告诉这两个人：如果都抵赖，那么各判刑一年；如果两个人都坦白，那么各判刑八年；如果一个人坦白，另一个人抵赖，坦白的释放，抵赖的判刑十年。这就是说两个囚徒要面临两种选择：坦白或者抵赖。仔细分析警方给出的条件，每个囚徒的最有选择其实只有一个——坦白：如果同伙抵赖，自己坦白，那么自己会被放出去；如果同伙坦白，自己抵赖，则是十年刑期，很明显，坦白比不坦白好；如果两个人都坦白，那么都会被判八年，比起抵赖判十年，显然坦白要好。结果，两个嫌疑犯都选择了坦白，各被判了八年。

这里有一个更好的结果，就是两个人都抵赖，这样就是一年刑期。但是他们并不信任对方，最终选择了对自己更有利的坦白。囚徒效应反映出这样一个问题：人类的个人理性优势会导致集体的非理性，也就是会引发聪明反被聪明误的情形，甚至于损害集体的利益。

在人生的道路上，我们会遇到各种各样的对手，有时候我们面临的最大的竞争对手不是别人，而是我们自己。如果无法战胜自己，势必也就无法战胜别人。也就是说，我们在职场当中，不仅要对“对手”有清晰的了解，也要认清自己，这样，在职场当中，才能避免不必要的失误，才能为自己争取到更大的利润。

张龙是一家私营企业的业务经理，他们的公司并不算太大，但是在本市，乃至整个省都小有名气，所以，他们公司的业绩一直不错。

最近，本地一家企业想从他们这里购进一批材料，双方确实有合作的意向，于是进行了初期接触。张龙发现对方希望用低于市场价 5% 的价格将材料卖给他们，而这个价格对张龙他们公司来说根本无法接受，就是业内任何一家企业也不可能接受。但是对方已在挑衅，甚至放下话：“大不了不合作，原料工厂有的是，也不差你们这一家。”张龙也不甘示弱，直接告诉对方，方圆百里确实有其他原料厂，但是价格上他也了解得一清二楚，没有比他们更低的了，他们要想用低于市场价 5% 的价格购入，根本不可能。另外，只要他们企业发话，方圆百里是不会有工厂把原材料卖给他们的。

对方也明白张龙的话不是玩笑，因为他们确实能做到。不过对方也不甘示弱，反而表示可以去外地购进。张龙点了点头，说道：“只要你们能找到充足的货源，并且能等到，我没有意见，毕竟做买卖就是为了赚钱。”对方这时被逼得无路可退，因为他们明白，自己根本没有时间从外地购进原料。张龙也不是不懂变通的人，迅速给了对方一个台阶，表示："如果你们诚心合作，我们可以适当降低价格，否则你们只能自己想办法了。"对方也明白再僵持下去，会对自己更不利，只能签了合同。

在这场谈判中，张龙明白对方的需求，也了解对方的软肋，对方也知道张龙也很希望和他们合作，双方就是在知道对方的底线的情况下进行了谈判。最后张龙能够取得胜利，是因为他更了解对手，知道对手手里的底牌是什么。

我们了解对手，并不是要简单地击败对手，而是要用积极的态度对待竞争对手。作为竞争对手，他们肯定要和我们竞争实力，否则他们也不能成为我们的竞争对手，在他们的身上也有我们需要学习的东西，因此，我们要仔细分析我们的对手，学习他们的长处，来补充我们的不足。

与此同时，要尊重对手，每一个对手都值得尊重，而且只有尊重对手，才能赢得对手的尊重。只有尊重对手，才能真正看清对手身上的长处，才能找到他们的不足，从而更好地击败他们。

反馈效应：一定要和领导及时反馈

反馈原是物理学中的一个概念，是指把放大器的输出电路中的一部分送回输入电路中，以增强或减弱输入讯号的效应。心理学引进了这一概念，用来说明学习者对自己学习结果的了解，这种了解会起到强化作用，从而促进学习者更加努力学习，从而提高学习效率。这一现象在心理学上被称为"反馈效应"。这一效应经常被用来指导企业管理和学习工作，而且对管理非常有用。

心理学家做过这样一个实验，他们将实验对象分成四个小组。第一组为激励组，对这组的工作给予相应的肯定和奖励；第二组为批评组，对他们工作中的缺点进行严厉批评；第三组为忽视组，对他们的工作不加注意，但让他们听取前两组的批评和表扬；第四组为隔离组，把他们与前三组隔离开，对他们不闻不问。

结果显示，第四组的任务完成度最低，激励组的任务完成度最高，而且逐渐呈提高的态势。由此可见，及时对任务成功进行评价、反馈，能够强化工作效率，对工作有更好的促进作用。所以，对自己的工作一定要及时反馈，这样，老板才能更好地了解你，给你安排更适合的工作。

李明毕业之后，进入一家私企，他想在这里有一番作为，用良好的成绩来展现自己。但是刚刚毕业的他没有什么经验，对一些工作并没有什么把握，这些困难他也没有及时和老板反馈，而是自己咬紧牙关克服。最终，李明过了试用期，顺利留在了公司。

成为正式职工之后，老板给李明的任务越来越多，难度也越来越大，很多工作已经超出了他的能力范围。在这种情况下，李明工作的完成度越来越低，老板对他也越来越不满意。李明也是有苦不说，反而抱怨老板：我这么努力工作，为什么还要跟我过不去，为什么就看不到我在努力工作呢？

最后，因为李明的失误，导致公司失去了一个重要客户。老板对此大发雷霆，把李明叫到办公室臭骂一顿。李明也爆发了，反问老板为什么安排超出自己能力的工作，并把自己的委屈一股脑全倒了出来。

没想到，老板不但没有原谅他，反而更加生气："你为什么不早把你的想法说出来，让我误以为你有足够的能力来完成这些工作，否则，也不会有今天这么大的损失。"

在职场当中，这种事情并不在少数。我们都知道，身处职场，能力越强，也就越能得到老板的赏识。但有时候也并不完全正确，比如案例中的李明，明明已经超出了自己的能力范围，但却不懂得反馈，使得老板一再为他安排高强度的工作。要知道，一个人的精力是有限的，不可能把所有的事情做得面面俱到。所以，必要的时候，与上司进行有效的沟通，不仅能让上司更清楚该给你下达什么任务，还有助于在你遇到困难的时候，上司能够及时伸出援手。

但是很多人不明白这个道理，他们认为自己向老板坦白，会让老板觉得自己能力出了问题，从而不再信任自己。其实完全不必有这样的担心，老板也明白没有谁是无所不能的，他知道你的能力后，反而能更好地按你的能力来安排工作，做到人尽其用。

所以在工作中，我们要主动寻找和领导沟通的机会，我们需要了解领导，领导也需要了解下属，这是正常的人际交往，不必因担心别人的议论而躲避领导。我们通过和领导的沟通能发现我们的不足，既能学习领导的长处，也能拉近和领导的距离。你若希望领导喜欢你、看得起你、欣赏你，发现你的能力，那么首先要让领导看得见你；要让领导看见你，主动积极多汇报工作是最好的捷径。

因为反馈能让领导知道，他们的话已经发生了作用，而且，我们的反馈还能让领导知道我们的工作进度，知道该如何配合我们接下来的工作。当然，对同事的话也要及时反馈，这样才能形成良性循环，有利于合作的展开。

需要注意的是，反馈要及时，因为不及时的反馈是无效反馈，根本不会有任何作用。

共生效应：赢得他人支持很重要

共生是指两种不同生物之间所形成的紧密互利关系。动物、植物、菌类以及三者中，任意两者之间都存在“共生”。在共生关系中，一方为另一方提供有利于生存的帮助，同时也获得对方的帮助。后来，人们把这种互相影响、互相促进的现象称为“共生效应”。意思是说，在群体内，人们从事日常劳动、学习、工作，受到群体成员的智慧、能力及以往的劳动成果的影响，在思维上获得启发，在能力水平方面得到有效提高的现象。这种影响是群体成员之间相互的、潜移默化的，是发展与发挥个人潜能的社会激发因素之一。

现在，人们经常提到的人才“共生效应”，有两方面的意思：一是指引入一个杰出的人才，会吸引众多人才纷至沓来，最后形成一个人才群体。现代企业有很多通过这种手段招揽人才，可以说是引进、挖掘人才的一条规律。

另一种情况是在群体中，人才之间相互交流，互相进行信息分享；互相影响，相互促进成长，进而促进集体成长。

不管哪一种情形，都是通过人才来影响人才，所以，群体要充分运用“共生效应”吸引人才，培养人才，为企业的壮大积累资本。

职场当中亦是如此，要想变得更加强大，就不能不借助同事的力量，获得他们的支持。

最近，赵颖被老板交给的项目开发策划案折磨的不轻，她已经把策划案改了四次了，但是老板还是不认可。赵颖觉得自己都要崩溃，甚至想到了辞职。这天下午，老板再次把她的策划案打了回来，赵颖看着返回来的策划案，木然地坐在座位上。

突然，有人拍了拍赵颖的肩膀：“你怎么了，看起来状态不太好？”

赵颖抬头看了看，是同事小亮，忍不住把自己的困境告诉了小亮。听完赵颖的话，小亮笑了笑说：“其实事情也没有那么困难，你是了解了项目的风格，但是没有理解老板的风格，要把这两种风格结合起来，就能做出让老板满意的策划案了。”然后，小亮又告诉赵颖，策划二组的韩斌能把握老板的心思，可以去听听他的意见。

赵颖虚心地向韩斌请教，韩斌对赵颖的策划案提了几条修改建议，并告诉她："老板也是搞策划出身的，在和老板交流的时候不妨多问问他的意见，这样就能更清楚地知道老板想要的亮点在哪里。"

果然，经过几个同事的帮助，赵颖的策划案在老板那里顺利通过了。而且在以后的接触中，赵颖从老板那里学到了很多东西，她还发现自己的同事也是各个"身怀绝技"，每当自己遇到困难，都能从同事那里得到很好的建议。

工作中确实有很多这样的情况，一些工作我们自己无法独立完成，不得不依靠同事的帮助，所以，不要妄想自己一个人解决所有的难题，要多和同事合作，得到他们的支持，这样，才能更好地完成工作。

在犹太经典《塔木德》中，有一句名言：和狼生活在一起，你只能学会嗥叫；和那些优秀的人接触，你就会受到良好的影响。因此，多与优秀的人交往，接受他们的熏陶，也许能让你变得更加优秀。如果你已经很优秀了，再与优秀的人交往，那么你们就能产生共生效应，取得了不起的成就。比尔·盖茨说过："有时决定你一生命运的在于你结交什么样的朋友。"换句话说，你与什么样的人交往，决定了你的未来。

所以，请与优秀的人在一起，努力加入优秀者的团队，让自己在良好的氛围中获得成长。从他们的经历中，既能学到成功的经验，也可以汲取失败的教训，这会使我们变得更加优秀。

有句话说得好，"你是谁并不重要，重要的是你和谁在一起。""孟母三迁"，说的就是孟母为了给儿子找一个合适的地方，远离糟粕。雄鹰在鸡窝里长大，就会失去了飞翔的本领，怎能搏击长空，翱翔蓝天？野狼在羊群里长大，也会"爱上羊"而丧失狼性，怎能叱咤风云，驰骋大地？与优秀的人在一起，体验共生效应带给你的惊喜吧！

示弱定律：示弱也是一种智慧

不管是出于哪种目的，无论是谁只要表现的过于强势，势必会受到多方的阻力，甚至被他人伤害。但现实中，有些人不管伤成什么样，就是不懂得示弱。

太多的人喜欢的是逞强而不是示弱，他们喜欢展现自己的强大，想靠这些来赢得其他人的尊重。但实际上，不懂得示弱的人并不一定能得到别人的尊重，相反，过于逞强反而把他们的缺点暴露了出来。而且过于强势的人如果不能处理自己的情绪，反而会招致他人的反感，让双方的关系剑拔弩张。但是示弱却不同，人们对于弱者有天生的同情心，所以示弱能更大限度地获得别人的理解，给予自己更多发展的可能。

示弱确实能给人带来意想不到的结果。

在英国有一个家喻户晓的故事：撒切尔夫人出任英国首相的第一天，参加完庆典之后回家。在家门口她"嘭嘭嘭"地敲响了房门，撒切尔先生此时正在厨房为妻子准备庆功宴，随口问了一句："谁啊？"此时的撒切尔夫人有些得意，高声回答道："我，英国首相。"结果，屋内没有人回应她，也没有人来给他开门……此时、撒切尔夫人有些明白了，她再次敲门，屋内再次询问，撒切尔夫人低声说道："亲爱的，请开门，我是你太太。"这一次，门很快打开了，撒切尔先生也给了妻子一个热烈的拥抱……

但是生活中并不是每个人都像撒切尔夫人懂得退让的智慧，有的人甚至为了所谓的面子，和人争得头破血流，付出惨重的代价。

职场中也是如此，有的人为了展示自己的能力，或者想要压人一头，就处处想要显示自己的强大。但是这种想要尽可能突出自己的表现，会给其他人带来很大的压力，必然不会被他人所喜爱，也更谈不上得到其他人的支持了，甚至会成为他们打压的对象。

而示弱能消除别人心理上的防备和敌意，很多成功人士都懂得示弱的智慧，通过示弱来避免不必要的麻烦。

“青梅煮酒论英雄”的典故，相信很多人都听过。

这天，刘备在自己院子里打理庭院，却被突然造访的张辽领着仆役把刘备“请”到了曹操的府上。

在曹宅内，曹操准备了宴席和刘备畅饮，起初两个人相谈甚欢。酒过三巡之后，曹操指着天上的娇弱游龙的乌云说道：“龙是什么呢？盖世英雄也，相比玄德也知道很多盖世英雄吧，不如说一说这天下的英雄，如何？”

刘备略作思索，说道：“天下的英雄豪杰，在我看来，必是袁绍、袁术、刘表、孙坚、刘璋、张鲁、张绣等人。”

刘备还没有说完，曹操就不以为然地说道：“玄德此言差矣，凡是英雄，必定胸怀大志，腹有良策，有包藏宇宙、吞吐天地之气。”

刘备知道曹操所指，但继续装傻，说道：“除了这些人，我实在不知道谁能当这天下的英雄。”

谁知，曹操竟然指了指刘备，又指了指自己，说：“天下英雄，唯使君与操耳！”这句话非同小可，刘备心中一惊，手中的筷子掉在了地上。正巧天上炸雷突起，刘备从容弯腰拾筷，说道：“一震之威，乃至于此！”曹操听了大笑，说：“大丈夫也怕打雷吗？”

刘备从容地说道：“圣人听到雷声也会面容变色，更何况我呢？”

直到此时，曹操才放松了对刘备的警惕，他觉得一个连打雷都怕的人，不会成就什么大事。就这样，刘备凭借示弱躲过了一劫。

职场当中亦是如此，如果不懂得示弱，处处示人以强，必定会成为众人攻击的对象，有道是“木秀于林，风必摧之；堆出于岸，流必湍之；行高于人，众必非之”，太过争强好胜的人会被多数人诟病。

因此，适当示弱会给自己留下更大的空间。比如，在不如自己的人面前放低姿态；在经济状况不如自己的人面前抱怨一下自己的身体状况；面对专业人士发表一下自己因为不懂而闹出的笑话等，这样才会让其他人在心里有平衡感，否则，你总是以俯视的姿态面对众人，只会把自己孤立起来。

很多时候，弱小当中也蕴藏着巨大的力量，示弱更是一种维持生存的需要，更是一种大智慧。

鲶鱼效应：有对手更努力

挪威人很喜欢吃沙丁鱼，尤其是新鲜的活鱼。市场上的活鱼要比死鱼的价格高许多，所以，渔民们想方设法想要运回更多的活鱼。可是做了大量工作，绝大部分沙丁鱼还是在运输途中因为窒息而死亡。但是有一条渔船总能运回大部分活着的沙丁鱼，船长让船员们严格保密，直到船长去世，这个秘密才被公布出来。

原来，船长在装满沙丁鱼的鱼槽里放了一条鲶鱼——主要以沙丁鱼为食物。鲶鱼进入鱼槽之后，因为对环境比较陌生，就四处游动。沙丁鱼看到鲶鱼之后十分紧张，也就四处躲避，加速游动。这样，缺氧的问题就解决了，沙丁鱼也就活了下来。这就是著名的“鲶鱼效应”。

鲶鱼效应其实是一种激励手段，用鲶鱼来作为激励手段，刺激沙丁鱼不断游动，以保证沙丁鱼的存活率，以此来获得最大的收益。职场当中也是如此，因为有竞争对手——鲶鱼的存在，我们才能不断努力，以避免被淘汰。

可能有人觉得对手就是对手，是竞争对象，是敌人。这种观点过于片面。对手确实是竞争对象，但是换一个角度考虑问题，我们就会发现，因为有了竞争，所以有了压力；因为压力，所以才有了动力，而动力则能刺激我们发挥自己的潜能。正因为和竞争对象的拼搏，我们才能不断前进，不断超越自我。所以，有对手未必是一件坏事，因为对手是鞭策我们前进的动力。因此，“鲶鱼效应”在职场管理方面，会带来意想不到的效果。

何辉的公司前段时间遇到了一个难题：公司里出现了一些人浮于事的员工，他们整天东游西逛，无所事事，严重拖了公司的后腿。但是要把这些人全部开除，也不现实，因为很多员工都是陪着自己打江山的老人，他害怕把他们全开了会落一个“兔死狗烹”的恶名，而且工会方面也会对他施加压力，最后很可能给公司造成重大损失。但是留着他们也是祸害，因为他们会带坏一大批员工，最终还是会给公司造成重大损失。这让何辉伤透了脑筋，后来，他的助手给他讲了沙丁鱼的故事。

听完这个故事，何辉豁然开朗，连连称赞是个好办法。助手和何辉分析，因为公司的人员长期固定不变，缺乏新鲜感和活力，使得员工越来越没有压力，越来越懒惰。现阶段，需要引进新的员工，向现有的员工施加压力，让他们竞争起来，这样才能激发员工们的进取心，企业也才能有活力。

说干就干，何辉赞成助手的建议，并出了一份人事改革的通知，一方面在公司内部搞竞争机制，不管工龄长短，实行能者上，劣者下；另一方面从外面引进高素质人才，健全公司人事管理、绩效考核机制。

这些制度颁布下去之后，何辉要求各部门严格执行，公司不仅进行内部人员流动，把一些人浮于事的领导调离岗位，把真正想干事、能干事的员工提了上去；从外面引进的人才也进一步丰富了公司的经营策略，让公司在短时间内见到了效益。员工们的工作热情也被极大地调动了起来，公司的销售业绩呈直线上升趋势。

其实很多人并非没有能力，而是因为没有压力，所以失去了动力，不知道自己前进的方向。这时候给团体里放进一条“鲶鱼”，让“鲶鱼”来给这些死气沉沉的“沙丁鱼”注入危机感，自然会让他们活跃起来。

其实职场中不能缺少竞争对手，因为有对手才会尽全力去拼搏，才会不断完善自我，让自己不断成长。

需要注意的是，在应用鲶鱼效应的时候，要把人与岗位性格匹配好，鲶鱼就做鲶鱼的事情，沙丁鱼就做沙丁鱼的事情，只有人尽其职，做好分工，才能最大限度地激发鲶鱼功能，让鲶鱼发挥作用。否则，即便给“鲶鱼”安排了工作，但是对“沙丁鱼”无法构成威胁，那么鲶鱼的作用也就不复存在了，沙丁鱼依然会因为缺氧窒息。

丛林法则：不进取就会出局

丛林法则是自然界里生物学方面的物竞天择、优胜劣汰、弱肉强食的规律和法则。它包括两个方面的属性：一个是自然属性，另一个是社会属性。自然属性是受大自然的客观影响，不受社会、人性因素影响。自然界的资源是有限的，只有强者才能获得最多，这一属性主要体现在植物界方面。它的社会属性主要体现在动物界，它体现的是优胜劣汰、弱肉强食，不管是国家之间，还是企业之间，就是个人之间也是如此——优胜劣汰，不进取，就出局。

身在职场，自然也免不了要遵循“丛林法则”，因为办公室里也有激烈的竞争，为了职位，为了薪酬，每个人都会想方设法努力往上爬，向“钱”看。如果自己不能在竞争中生存下来，面临的只能是被淘汰的命运。

秦丽是一家广告公司的老员工，她以前的策划甚至在国际上得过奖。因此，公司很倚重秦丽，公司的同事也很尊重秦丽，都称她为“秦老师”。

但是最近，公司新招进来几个策划人员，有一个叫韩冰的，是刚刚毕业的大学生，一身朝气，很有闯劲，也很有想法。刚好公司接了一个项目，交给了韩冰所在的组，而组长觉得这个项目不大，也想锻炼一下韩冰，就让他做了一份策划案。挑灯夜战了几天，韩冰终于做好了一份策划案，组长也觉得还不错，就在早会上把韩冰的策划案递了上去，并夸了韩冰几句。

但是秦丽草草看了几眼，就说这份策划案不行，不够沉稳，太过喧闹。其实这是一份针对喜爱运动的年轻人的策划案，喧闹、灵动没有什么错，但秦丽却认为更应该体现沉稳的元素。

组长把秦丽的意见反馈给了韩冰，韩冰不服气，找到秦丽理论，但是秦丽坚持己见，还以势压人。韩冰脾气也倔，坚持自己的意见，和秦丽吵了一架，然后摔门而出。韩冰走了之后，秦丽有些后悔，她把韩冰的策划案又拿了出来，仔细看了看。这时她才发现，这是一份不错的策划案，她有些后悔自己的鲁莽。

后来，秦丽从这次事件中认识到，一直以来，她都觉得自己有才华，有能力，所以放松了学习，觉得自己能够应付各种策划方面的工作。但是现在看来，自己确实落后了，一些观念、观点自己一直持抵触情绪，限制了自己的进步。

工作中确实存在这种情况，一些人拿着过去的成绩作资本，不思进取，结果就是被别人追赶、超越，最终被淘汰。网络上曾有这样几句话：“你的对手在看书、你的仇人在磨刀、你的闺蜜在减肥，所以，你必须不断地努力，才会超越你的对手，才不会让你的对手有可乘之机。”事实确实如此，人的才华、天赋会慢慢褪去，就像年华会老去。在职场上，吃老本、坐享其成的结果只能是被淘汰。

一个人在生活中是积极进取、乐观向上，还是消极不前、颓废度日，在很大程度上取决于这个人能否正确对待生活，同时从他对待生活的态度反映出他对待工作的态度。

我们对待工作的态度可分为三类：第一类人对工作很反感，把工作看成是负担和惩罚，他们经常抱怨、牢骚满腹，嘴里常常说的是“累”；第二类人比较实际，把工作当成是一种养家糊口的方式，因此虽然没有任何怨言，但也只是为了工作而工作，没有更高的追求；第三类人则把工作当作是一种乐趣；把劳动成果看作是自己的一种成就；把工作看成是一种创造，在工作中不断进取，并享受快乐。

就像一本书里写的：“当太阳升起的时候，非洲草原上的动物就开始奔跑了，狮子知道如果它追赶不上最慢的羚羊，就会饿死。对羚羊来说，它们也知道如果自己跑不过最快的狮子，就会全部被吃掉。”

起初，每个人的条件都差不多，但随着环境的变化，有的人成了狮子，有的人成了羚羊。但是在这个世界上，所有人面对的竞争和求生的挑战都是一样的，那就是要“跑赢别人”，否则只能被饿死或者被吃掉。这就是丛林法则——优胜劣汰，适者生存。

鹬蚌效应：别和对手死拼

鹬蚌效应来源于一则古老的寓言故事：

一个风和日丽的午后，一只蚌躺在河滩上，张开蚌壳，舒舒服服躺在那里晒太阳。这时候，河滩上走来一只长着又尖又长的利嘴鹬鸟，鹬鸟正在觅食，正好看到了鲜嫩的蚌肉，它馋极了，一口啄了下去。大蚌受到袭击，下意识地合拢了蚌壳，紧紧夹住鹬鸟的长嘴。鹬鸟死死咬住蚌肉，大蚌紧紧夹着蚌壳，谁也不肯先松口。这时候，河滩上走过来一个渔翁，毫不费力地把鹬鸟和大蚌一起捉走了。这就是“鹬蚌相争，渔翁得利”的故事。

这则寓言故事告诉我们：在一场博弈中，如果双方互不相让，那么双方可能都是输家，而获利的则是第三方。所以，不要和对手死拼，以免得不偿失，让第三方把利益拿走。

在战国时期，赵国和燕国发生了矛盾，赵国决定派兵攻打燕国。而在这个时候，秦国也在准备吞并六国，一统天下。这个时候，苏秦正在各国进行合纵游说，希望各国能够联合起来共同抵御强秦。于是，燕国就派苏秦前往赵国进行游说，劝说赵王不要攻打燕国，以免给秦国可乘之机。

在前往赵国的路上，苏秦一直在思考如何说服赵王。当他到了赵国的都城，见到赵王之后，就向赵王讲起了鹬蚌相争的故事。讲完这个故事，他又把当前的形式进行了分析，劝说赵王放弃攻打燕国，因为现在赵国和燕国就像蚌和鹬一样，秦国则是渔翁；如果赵国和燕国交战，两国最后的结局只能是被秦国吞并。赵王听了苏秦的话，认为很有道理，就放弃了攻打燕国的计划。

但是在生活和工作中，有些人面对利益时失去了理性，非要和对手争个你死我活，最终的结果却是两个人都一无所获，反而让其他人坐收渔利。

我们在工作中肯定会有对手，但是不要把对手当成你死我活的敌人，因为对手也是我们的知音，因为他们有足够的实力才能成为我们的对手，我们和他们是竞争的关系，也是互相督促对方前进的动力，是可以惺惺相惜的。

老刘和张康是一家公司的销售人员，两个人能力出众，为公司的发展立下了汗马功劳。最近，市场部总监要离职，老板打算从一些中层领导中选出一位担任市场部总监，老刘和张康是最有竞争力的两个人选。

为了当上市场部总监，两个人铆足了劲，不仅在公司内部拉拢人，还拜托客户帮忙，在老板面前帮自己说好话。不仅如此，两个人为了当上总监，明争暗斗，不惜中伤对方。后来，两个人更是向老板送礼，希望老板能够提拔自己。

眼见着公司被老刘和张康搞得人心惶惶，老板放弃了从公司内部提拔总监的想法，而是从其他公司高薪挖过来一个人担任总监。这样一来，老刘和张康升职的愿望完全落空了。两个人没有被升为总监，内心颇为失落，但是却不知道为什么会被老板放弃。

后来，在一次饭局上，两个人才真正明白自己犯了什么样的错误，以至于让第三者渔翁得利。

其实老板确实很看重他们的工作能力，但是这次竞争总监也让老板发现两个人太过看重职位，而且为了职位无所不用，一度把公司的风气搞得非常糟糕。所以，老板才决定放弃老刘和张康，转而从外面挖了一位人才。

所以说，千万不要和对手死拼，尤其是有第三个对手的时候，反而要联合起来，消除矛盾，一致对外，这样才能避免发生“鹬蚌相争，渔翁得利”的悲剧。

瓦拉赫效应：学会经营自己的长处

奥托·瓦拉赫是诺贝尔化学奖获得者，他的成功充满传奇色彩。在瓦拉赫读中学的时候，他的父母希望他能在文学上有所成就，但是经过一段时间之后，老师这样评价他：虽然很用功，但是过分拘泥。这样的人即使有完美的品德，也很难在文学上发挥出来。

后来，瓦拉赫改学油画，想在艺术道路上闯一闯，但是他不善于构图，也不会调色，更没有艺术上的灵感，在班上总是倒数，学校给出的评语也很打击人：你是绘画艺术的不可造之材。

面对如此笨拙的学生，大多数老师对他已不再抱有希望，只有化学老师觉得这个学生做事一丝不苟，具有做好化学实验的优良品格，于是建议他去学化学，父母也接受了老师的建议。结果，瓦拉赫的智慧之火被点燃了，一度被认为是不可造之材的笨拙学生，一下成了公认的化学方面“前程远大的高材生”。

瓦拉赫的成功，说明人的智能发展是不均衡的，每个人都有自己擅长的，也有自己不擅长的，只要找到自己擅长的方面，使智能得到充分发挥，必定能取得非凡的成绩。这一现象被人们称为“瓦拉赫效应”。

这个效应告诉我们，只要找到自己擅长的领域，并加以努力，总会做出一番成就。有道是：“骏马能历险，犁田不如牛；坚车能载重，渡河不如舟。”在选择自己的事业时，同样是这个道理，选择和自己优点契合的职业，必能让自己的职业生涯更加顺利。

贺明一直有一个作家梦，从小就想当一名伟大的作家。但是他的父母认为计算机更有发展前途，逼着他选择了计算机专业。为了不辜负父母的期许，贺明大学期间认真学习计算机编程，但是他的兴趣不在这里，所以成绩一直不太理想。反而是在写作方面有了一定的成绩——在本地一家杂志上接连发表了十几篇文章。

大学毕业之后，贺明非常苦恼，不知道该选择自己喜欢的文学创作，还是选择父母认为更好的计算机行业。最终，他再次向父母妥协，进了一家互联网公司。一开始，贺明在网络技术部，但是在这里他始终无法集中精力工作，工作也接连出错。但是借助公司的网站，他把自己平时写的一些小文章放了上去，没想到点击率还不错。巧合的是，公司正打算在网站上开辟一个文学版块。就这样，贺明成了文学版块的负责人。在他的精心打理下，这个版块甚至成了网站的亮点所在。

贺明无疑是幸运的，能在自己热爱的领域里尽情发挥，并取得了不俗的成绩。但是在职场当中，也有很多令人遗憾的情形，许多人在定位错误的职业上奋斗、挣扎，为此放弃了许许多多的机会、放弃了安逸和舒适、放弃了自己的精神世界，但是追求不适合自己的梦想毕竟很难有好的结果。如果我们能把精力放在正确的职业上，就能用更少的努力获得更大的成功。

正所谓："尺有所短，寸有所长。"每个人都有自己擅长的方面，也有自己不擅长的方面，经营自己的长处，更容易获得成功。松下幸之助也曾说过："人生成功的诀窍在于经营自己的长处，经营自己的长处能使人生增值，否则，必将使自己的人生贬值。"

每个人都有属于自己的优点，我们要做的就是要好好经营自己的长处，让它变得更加出色。如果知道自己的长处但不去发展它，最后长处也会失色，成为短处。所以，当知道自己的长处在哪里之后，不要犹豫，用心经营，总有一天会在自己擅长的领域里大放异彩。

齐加尼克效应：教你排解压力

法国心理学家齐加尼克曾做过一个实验：

他把参加实验的人分成两组，向两组安排了同样的几项工作。实验期间，齐加尼克对一组进行了干预，让他们无法按时完成工作，对另一组则让他们顺利完成了工作。实验结束之后，齐加尼克观察了两组人员，他发现，最初接受任务的时候，两组都比较紧张，但是顺利完成任务的一组，在任务完成之后，紧张感就消失了；另一组的紧张感则还在持续，他们表示还在受没有完成的工作的困扰，心理上有不小的压力。

这一现象在心理学上被称作"齐加尼克效应"，是指因为工作而导致的心理上的紧张状态。

现代社会，节奏越来越快，压力越来越大，人们的紧张感与日俱增，如果不能有效地排解压力，很可能会引起精神疾病，严重的还会出现过劳死。

至于如何消除压力，有一个很有名的故事：

本杰明·哈里森是美国第23届总统，在1888年竞选的时候，他作为候选人却表现的出奇的平静，即便是在等候结果的时候，他也没有显得焦躁、紧张。本杰明的主要票仓在印第安纳州，印第安纳州的竞选结果是在晚上11点公布，结果公布之后，他的一个朋友给他打电话，向他表示祝贺，却被告知本杰明已经睡着了。

这位朋友很是不解，如此关键的时候，怎么能够睡得着呢？第二天，本杰明的朋友专门就这件事进行询问。本杰明说道："即使我熬夜等结果，结果也不会因此而改变。再说，如果我当选了，我今后的道路会更加艰难，所以，这个时候与其等待结果，不如休息好，这不失为明智的选择。"

确实，对于释放压力来说，休息好确实是最明智的。当然，释放压力的方法有很多，而且不同的人，适用的方法也不一样。下面就介绍几种简单的释放压力的方法：

（1）缩短工作时间，提高八小时内工作效率。

工作完成之后，心情就会变得舒畅，紧张感也就会随之消失，愉悦之情油然而生，这种完成任务后的欢愉对排解心理紧张、促进身心健康是极其有益的。

所以，要科学地安排工作，实事求是地制定工作计划或目标，并适当留有余地。对待事业上的挫折不必耿耿于怀，亦不要为自己根本无法实现的"宏伟目标"而白白地耗尽心血。

（2）学会自我放松。

在高度紧张之时，要力求降低应激的阈值，给自己以"减压政策"。

无论工作多么繁忙，每天都要留出一定的休息时间。例如，抽空散散步、活动活动筋骨，尽量让精神上绷紧的弦有松弛的机会。

（3）“精神胜利法”。

鲁迅笔下的阿Q常用“精神胜利法”自我解嘲，这种方法对现代人很有帮助。“精神胜利法”本质上是一种自我暗示，我们能通过自我暗示来缓解内心的紧张，调节身心，让自己放松下来。运用积极乐观的自我暗示法能化被动局面为主动局面，收到特殊的调节效果。

（4）养成体育锻炼的习惯。

运动能舒缓心情，缓解人们紧张的心情，恢复体力和精力；运动能舒展身心，有助于睡眠和缓解工作带来的压力；运动还能强身健体，让我们以更理想的姿态投入到工作中。

（5）培养一项以上业余爱好。

业余爱好能转移人的注意力。当你对一项工作感到疲劳的时候，不妨做一些有兴趣的事情，有兴趣的事情，能让我们的心情愉悦，愉悦的心情能有效地调节大脑的兴奋与抑制过程，进而消除疲劳，改善情绪，并让我们从紧张、乏味、无聊的小圈子中走出来，进入一个生机盎然的境界。业余爱好的内容是广泛的，诸如琴棋书画、养鸟养鱼、花卉盆景、写作、旅游、垂钓等。可以根据自己的兴趣选择，适当“投资”，最好养成习惯，以缓解紧张感。

第七章

成功加速器：心理效应与制胜法则

人人都想成功，你想超越他人成为成功人士吗？你想更早一步踏上成功之路吗？你想知道怎样避开各种陷阱吗？懂点心理学，更容易取胜。

手表效应：你有明确的目标吗

手表效应，也叫手表定律，是指拥有两块以上的手表并不能帮助人更准确地判断时间，反而会制造混乱，让看表的人失去对时间的判断。我们还可以这样理解，每个人不能同时选择两种不同的行为准则或者价值观念，否则个人的行为就会陷入混乱。

关于这一定律，有一个有趣的故事：

在森林里生活着一群猴子，每天太阳升起的时候，它们就外出觅食，太阳落山了，它们就回去休息，日子过得惬意和幸福。一天，一名游客来森林游玩的时候，把手表丢在了森林里，被一只叫猛可的猴子捡到了。猛可很聪明，很快就弄明白了手表的作用，于是猛可成了唯一掌握时间的猴子，其他猴子纷纷向猛可请教准确的时间，整个猴群也按照猛可给出的时间来工作、休息。渐渐地，猛可的威望建立了起来，成了猴群的猴王。

手表给猛可带来了好运，于是它就整天在森林里巡逻，希望能够拾到更多的手表，果然，猛可又捡到了第二块、第三块手表。手表多了，但也给猛可带来了困扰：每块手表显示的时间都不一样，猛可也不知道哪一个是正确的时间。这可把猛可难住了，其他猴子来问时间的时候，猛可支支吾吾说不上来，渐渐地猴群的作息时间越来越混乱。最后，大家忍无可忍，把猛可从猴王的宝座上拉了下来，猛可的宝座也被新猴王据为己有。但是很快，新猴王出现了相同的困扰。

这个案例告诉我们，人不能有多重行为准则，这样会让我们无所适从，不知道该遵循那条规则。还有，当我们订立了目标，一定要坚持下去，切不可频换变换。有这样一句话：目标要刻在钢板上，计划要写在沙滩上。就是告诉我们，不断改变的不是我们的目标，而是我们实现目标的方法，但实际上，很多人总是改变自己的目标，而方法却一成不变。很显然，重复不变的方法，是不可能把不断变换的目标实现的。

现实中确实有这样的人，当觉得实现目标比较困难的时候，他们就会更改目标，他们不是觉得目标太大，就是觉得太难，或者是要花费的时间太多。总之，他们有太多的理由来抛弃目标，然后换一个新的目标，接着重复过去的错误，到最后，只能在一事无成的道路上越走越远。

我们要明白，当我们的目标无法实现的时候，首先要考虑的不是更换目标，而是要修正我们的方法。哪怕有万分之一的希望，我们都不能轻易放弃，而是要以百分之百的努力来修正前进的方法，坚定地去实现我们的目标。

对于每一个人，每一个企业来说都是如此，目标要坚定，准则要唯一，否则只会让自己陷入混乱，最终以失败告终。

美国在线和时代华纳是美国两家非常有名的公司。美国在线是一家网络公司，主要提供包括邮件、新闻、教育等多方面的服务。其企业文化侧重于决策灵活和操作果断。

时代华纳则是一家横跨了影视、出版等产业的大型媒体公司，其企业文化偏重诚信和创新。2000年的时候，这两家公司宣布合并。但是由于企业文化不同，合并之后产生了诸多分歧，管理层也不能很好地融合两家公司的企业文化，导致员工在工作中不知道该遵循哪一家公司的企业文化，更不知道公司的未来在哪里。最终，两家公司只能宣布合并失败。

所以，我们在做事情的时候，必须要确定一个目标，建立一个标准，并严格地、脚踏实地的、矢志不移地努力，只有这样才有成功的可能。当我们遇到了两个目标冲突、两条标准打架的时候，必须放弃一个，选择适合我们的。而那些想要实现众多目标的人，最后只能把自己的人生搞得一团糟。

“困驴”效应：不要屈服于逆境

人的一生总会遇到一些困境。当身处困境的时候，我该以何种态度来应对呢？是消极悲观不敢面对，一味退缩和逃避，还是积极乐观，努力寻找解决问题的方法，认真迎接命运的挑战呢？下面来看看这个小故事：

一个老农牵着一头老驴去县城赶集。在去往县城的路上，驴子不小心掉进了一个深坑里。老驴在深坑里悲鸣不已，老农目睹老驴的困境，想了很久，断定自己救不了驴子，但是又不愿意让驴子这么痛苦下去。于是，老农打算向坑里填土，把老驴闷死，以此让它早点脱离苦海。

当老农向坑里填土的时候，驴子吓了一跳，但是求生的本能让它用力站了起来，抖掉背上的土。就这样，每次土扔到驴背上，它都会用力抖掉，然后再踩在土上。就这样，老驴不停地抖掉背上的土，一步步向上踩着。不管土打到背上有多痛，老驴就是不放弃。不知道过了多久，老头已经筋疲力尽，老驴也伤痕累累，但是老驴却奇迹般地回到了地面上。原本会要了老驴命的泥土，最后却救了老驴一命。

有道是：“宝剑锋从磨砺出，梅花香自苦寒来。”宝剑只有经过千锤百炼才会有削铁如泥的剑锋，梅花只有经历酷寒才能开出芬芳的花朵。人生又何尝不是如此，不经历一番困苦，又怎能体会成功的喜悦。

人的一生会有很多困难等着我们去克服。在这个过程中，有的人迎难而上，即便失败了，也从不轻言放弃；但是有的人却选择了逃避，或者说被困难打败之后，选择了放弃。两种不同的态度，造就了两种不同的人生。选择放弃的人，只能是失败，有的甚至连失败的机会都没有，当然也就不可能成功了。迎难而上的人，他们不屈服于困难，而是努力奋斗，经过一次次磨炼，即便没有成功，也会有所收获，这何尝不是另一种意义上的成功。

没有谁是一帆风顺、事事如意的。当然，我们都希望自己的人生少一点磨难，少一点坎坷，希望自己的人生好走一点。这是人之常情，因为没有谁愿意去承受太多的痛苦。因此，当面对不可避免的困境时，有的人就开始抱怨，抱怨命运不公、抱怨自己能力不足、抱怨没有人理解自己……但是抱怨对摆脱困境没有任何帮助，反而会让自己变得消极，更加不能走出困境。因此，既然抱怨没有任何帮助，我们何不欣然接受现实，然后克服它呢?

丘吉尔曾参加过牛津大学的一个讲座，主要是分享自己成功的秘诀。这天，在牛津大学的礼堂里，不仅挤满了聆听演讲的学生，也有来自世界各地的媒体，会场上人山人海，挤得水泄不通，人们很渴望知道这位政治家、外交家的成功秘诀。

丘吉尔来到讲台上，对着会场上的人群打了个手势，制止了震耳欲聋的掌声之后，他说道："我成功的秘诀有三个：第一，绝不放弃；第二，绝不，绝不放弃；第三，绝不，绝不，绝不放弃。我的演讲结束了。"说完，就走下了讲台。

会场里安静了片刻，之后就爆发出了热烈的掌声。

我们希望拥有快乐、安逸的生活，这无可厚非，但困难并不代表让我们不快乐，相反，战胜困难之后，反而会让我们收获成功的快乐。而且磨难也是人生的一笔财富，它能磨炼出一个人钢铁般的意志；能让青葱少年变得成熟；让桀骜不驯的人变得谦虚谨慎；让懵懂的人变得睿智……

所以，不管我们遇到什么样的困难，都不能认命，要和命运抗争，这样，才能接近成功。因为成功并不是总那么耀眼，有时候我们不知道在什么地方会遇到什么样的挑战。取得成功的方式不一定是壮观的，反而很多是靠着不懈的努力和不停的坚持。“路漫漫其修远兮，吾将上下而求索。”成功就是在一次次失败中总结经验教训，然后再伤痕累累地继续求索，只有这样才能成功，而放弃的人是找不到成功的。

心理定势：小心画地为牢

一位商人听到有人按门铃，从猫眼里向外看，发现两名男子捂着一大束花来拜访他，这位商人很开心地打开了门。但是拜访者却从鲜花里抽出了一支手枪。在手枪的威胁下，商人只能眼睁睁地看着两名男子拿走了 10 万美元，然后逃之夭夭。

这两名歹徒之所以抢劫得手，是因为他们很好地应用了人们的心理定势。所谓定势又叫心向，是指主体对一定活动预选的特殊准备状态。具体说，就是人们当前的活动常受前面从事活动的影响，倾向于带有前面活动的特点。心理定势有时会帮助人们很好地解决问题，但也妨碍到了创新。而创造性通常要求打破心理定势。

对心理定势相信大家都有一定的感受，比如，铃声一响，学生们就知道该上课还是该放学了；裁判员的一声“预备”，运动员就会进入准备起跑的反应状态。心理定势能使我们在从事某些活动的时候非常熟练，能节省很多时间和精力；但是一旦陷入心理定势，我们的思维也会受到束缚，让我们依靠惯性来解决问题，而不会去寻求其他的“捷径”，从这方面来说，心理定势会给解决问题带来一些消极的影响。

下面来看一则笑话：

一个胖老板在看店，一个顾客走进来对老板说：“请给我打一瓶蓖麻油。”

胖老板从后面搬进来一架梯子，架好后爬到上面的储物间，拿起一大桶油，灌满瓶子，然后顺着梯子爬下来，把油瓶递给顾客。

这位顾客还没走出店门，又进来一位顾客，对老板说道：“老板，请给我一瓶蓖麻油。”

胖老板望了望储物间，又爬上梯子，倒了一瓶油，正在这时，又一名顾客走了进来，胖老板在梯子上问道：“你也要一瓶蓖麻油吗？”

顾客摇摇头说：“不是。”

胖老板说道：“那，请你稍等一下。”

胖老板爬下梯子，把油递给第二位顾客，然后对第三位顾客说：“您想买点什么？”

第三名顾客对老板说：“老板，请给我半瓶蓖麻油。”

此时，胖老板的内心恐怕是崩溃的。

胖老板之所以会出现这样的失误，是因为他受到了心理定势的影响，想当然认为顾客会买一瓶蓖麻油，结果却被现实小小地惩罚了一下。现实中，像这样的情况也不在少数。

一位非常著名的作家，这天来汽车修理厂修理他的汽车。一位修理工对这位作家说：“大作家，我考考你的智力吧，出一道思考题，看你能不能答对。”作家点点头表示同意。修理工就开始出题：“一位聋哑人来到一家五金店，要买几根钉子，他对售货员做了这样的手势：左手拇指食指做捏钉子势放在柜台上，右手握住拳头做敲击状。售货员表示明白，递给聋哑人一把锤子，聋哑人摇摇头，指了指柜台上的两根手指，售货员终于明白，聋哑人要买的是钉子。聋哑人买好钉子走出商店，又进来一位盲人，他要买一把剪刀，请问：盲人会怎么做？”

大作家心想，这还不简单，随口答道：“盲人肯定会这样做——”

大作家伸出食指和中指，做出剪刀的形状。修理工看了，哈哈大笑："大作家，你错了，盲人要买剪刀，直接告诉售货员就可以了，干嘛要做手势呢？"

作家一听，恍然大悟。

这位作家的智力并没有问题，相反，他很聪明，做过多次智商测验，智商水平都在150到160之间，可以说天赋极高了，但是对修理工的问题，他却给出了错误的答案，这是因为他受到了心理定势的干扰。

因此，日常生活当中，一定要打破心理定势，小心画地为牢。要知道，经验能帮助人，也能害人，因为被经验绊倒的能人不在少数。

二八法则：关键少数决定最终结果

二八定律又名80/20定律、帕累托法则，也叫巴莱特定律、关键少数法则（Vital FeRule）、不重要多数法则、最省力的法则、不平衡原则等，被广泛应用于社会学及企业管理学等。

该法则是19世纪末20世纪初意大利经济学家帕累托发现的。他认为，在任何一组东西中，最重要的只占其中一小部分，约20%，其余80%尽管是多数，却是次要的，因此又称二八定律。因此，在做事情的时候，要把主要精力、时间放在那重要的20%上。

每个人的时间和精力都是有限的，我们不可能把所有的时间和精力进行平均分配，而是要将主要的精力分配给最重要的事情，关注最重要的20%，这样才能有最大的收益。

美国的一位非常成功的保险业人士曾讲过自己在做保险业务时的故事：

刚开始推销保险的时候，这位业务员非常热情。但是可怜的业绩却让他大受打击，甚至一度认为自己并不适合这一行业，想要辞职。不过在辞职之前，他想弄明白自己到底哪里出了问题，导致业绩如此之差。

他回顾了这段时间的工作，觉得自己拜访了那么多的客户，但是成绩却很一般。而且他和客户的交流很不错，但是在签约之前，客户都会对他说："让我再考虑考虑吧。"于是，他不得不再次拜访这些客户，但结果却不容乐观。

后来他又问自己，有没有什么解决的方法。他拿出了这一年的工作记录进行研究，在研究的时候他发现了一个现象：自己所卖出去的保险，有七成是在第一次见面时就完成了，还有两成多是在第二次见面时完成的，剩下不足 7% 是在第三、第四甚至更多次见面之后才完成的。而他却把一半多的时间都给了这不足 7% 的客户。

这个发现让业务员激动不已，他觉得自己能创造更好的成绩，辞职什么的早就抛到了九霄云外。在决定不辞职后，他就开始分析自己该怎么做，后来他决定停止第三、第四以及后面的拜访，把空出来的时间用来寻找新的客户。

这一方法果然有效，在短时间内，他的业绩就提升了一倍多，还受到了老板的嘉奖。

这就是对二八法则很好的运用。一开始，业务员把主要精力和时间都浪费在了效益并不明显的 7% 的客户身上，所以业绩不突出。等他转变策略之后，把主要精力用在寻找新的客户上，新的客户为他带来了 80% 的效益。

二八法则告诉我们：不管做什么事都不能平分精力，而是要把主要的精力放在最重要的事情上，关注着决定性的 20%，这样才能使利益最大化。

销售如此，人际关系也是如此。在我们所有的人际关系中，关键的 20% 的人际关系，能给我们带来 80% 的价值。相信很多人都有这样的感触，当我们身陷困境的时候，大多数朋友是不会帮助我们的，有的甚至连我们的电话都不接，能躲多远就躲多远；大概只有20%的朋友会愿意向我们提供帮助，帮我们渡过难关，不过真正能影响我们命运的朋友，大概不超过5%。

所以说，我们对身边的朋友也没必要一视同仁，尤其不要把精力和时间放在酒肉朋友身上。而要把大部分的时间和精力都放在最重要，对我们影响和帮助最大的朋友身上。

正所谓："人生得一知己足以。"正因为朋友与朋友是不同的，人际关系也要区分对待，不能不分轻重，一视同仁。总之，我们要区分开关键人物和一般人物，要把主要的时间和精力放在能够对我们产生积极影响的关键人物身上，要和他们保持经常性的联系，以便让彼此的交情在不断的交流中更加稳固，只有这样，在关键的时候，我们才能从他们那里获得帮助。

当然，这并不是要我们不关注那80%，毕竟缺了这80%就不是一个完整的整体，我们要做的是在关注重要的20%的同时，也要关注80%的非关键因素，在两者协调的情况下，提高整体水平。

马太效应：强者会越来越强

马太效应，是指强者越强、弱者越弱的现象，被广泛用在社会学、教育、金融以及科学领域。马太效应，是社会学家和经济学家们的常用术语，反应的是社会两极分化，富的更富，穷的更穷。

马太一词源自《新约·马太福音》的一则寓言："凡有的，还要加倍给他叫他多余；没有的，连他所有的也要夺过来"。马太效应是社会中十分常见、也十分重要的自然法则。中国古代哲学家老子也提到过类似的思想："天之道，天之道，损有余而补不足。人之道则不然，损不足以奉有余。”

下面我们用一个故事来解解一下“马太效应”：

有一位商人，他头脑灵活，很善于经商。有一天，他有事要外出一段时间，但是又不愿意耽误自己的生意。于是，在临行前，他把自己的三个仆人叫到了跟前，这三个仆人都非常忠诚。商人把自己的部分家业进行了分配，交给三个仆人来打理。

根据仆人的性格和才能，商人给他们分配了银子。仆人甲很善于发现商机，头脑灵活，观察力很敏锐，商人给了他 5000 两银子；仆人乙具有一定的经商才能，性格沉稳，做事妥当，分得了 2000 两银子；仆人丙做人本分，做事保守，但是太过木讷，商人给了他 1000 两银子。分配完毕，商人就出发了。

商人走了之后，三个仆人也开始想着怎么用这些银子。仆人甲用所得的 5000 两银子做了投资，投资了一个风险很大的项目，当然，利润往往跟风险成正比，而且仆人甲很相信自己的眼光。最后，仆人甲凭借精湛的技术赚到了丰厚的利润，连本带利收回来 2 万两银子。

仆人乙不愿意冒太大的风险，于是做了一项稳赚不赔的生意；虽然起早贪黑很辛苦，不过收获也不错，最后他赚了 2000 两银子。

仆人丙老实木讷，不懂经营，考虑很久，不知道做些什么，又担心银子有什么闪失，一连几天，他坐卧不宁。后来，他灵机一动，在屋里挖了一个坑，把银子埋了起来，天天守在那里，虽然这样不会赚钱，但是也不会有闪失。

几个月之后，商人从外面回来，又将三个仆人召集在一起，算一算账。仆人甲把本金和赚到的 1 万 5 千两银子交给主人，说：“主人，这是您给我的 5000 两银子，另外的 1 万 5 千两银子是我用您给的本金额外赚的。”

主人说：“不错，你做得非常好，以后我能交给你更多的事情了。”

仆人乙随后说道："主人，您给了我2000两银子，我用了2000两银子又赚了2000两。"

主人说："你做得也不错，店里有你帮忙，我就很放心了。"

最后，仆人丙说："主人，我实在不知道该怎么用这1000两银子，又害怕把银子弄丢了，于是就把银子埋在了地里，您看，现在一两都没有少。"

主人听了却很生气，把仆人丙骂了一顿，还把他的1000两银子交给仆人甲来用。并对他们三个说道："凡是不能增值的，就是在贬值，那钱留着还有什么用？只有不断创造财富的人，才能获得更多的成功，我的奖励也才会给得越多。"

"马太效应"在社会中广泛存在，因为它不仅适用于经济领域，在社会领域，甚至个人身上都有所体现；它是个人成功的重要法则，揭示了不断成长的个人需求，也关系到一个人的成功和生活幸福。

但是社会心理学家分析认为，"马太效应"不仅有其积极的作用，也有其消极的作用。积极作用方面，它能刺激更多的人向着成功努力奋斗，以此来推动自己不断进步。消极方面，如果人们无法正确看待自己的成绩，对于成就过分沾沾自喜，很可能会失去理智，或者会被其他人因为嫉妒而排挤，最终在人生的道路上摔跟头。所以，对于"马太效应"，我们要谨慎对待，对于成绩更要有清醒的认识，这样才能取得更辉煌的成就。

枪手博弈：制胜的关键在策略

在一个小镇上有三个枪手，他们非常仇视对方，都希望把另外两个枪手除掉。当然，他们也对其他两位枪手的实力了解得非常清楚。

A枪手枪法精准，十发八中；B枪手枪法一般，十发六中；C枪手枪法较差，十发四中。

这天，他们在街上不期而遇，一时间，气氛紧张到了极点，决斗一触即发。假如这三个人同时开枪，并且每个人只开一枪，第一轮枪战之后，谁活下来的机会最大?

很多人可能会说是A枪手，因为他的枪法最好；但结果却并非如此，活下来可能性最大的是枪法最差的C。下面我们来分析一下：

三个人互相瞄准，A的最佳选择必定是B，因为他对自己的威胁最大；同样的，B的最佳选择是A，因为A最有可能一枪打死自己。

结果，枪法最差的C没有人瞄准，他就能在两个人互相开枪时，瞄准活下来的，取得先攻击的机会。如果运气好的话，A、B同归于尽，C连抢都不用开。由此可见，枪法最差的C在第一轮开枪之后，活下来的几率最大。

如果改变游戏规则，让三个人轮流开枪，那么结果是什么样呢?

从三个人枪法的好坏，我们可以分析出，不管A还是B先开枪，他们优先射击的对象必定是对方，因为对方对自己的威胁最大，而C的枪法最差，威胁也最小，他们会暂且放过。

假设A或B把对方干掉了，那么就轮到C开枪了，他有40%的机会干掉活下来的那个人。所以，不管是A，还是B先开枪，那么C都有在下一轮先开枪的优势。

假如让C先开枪呢?可能有人会说，要先向A开枪，因为他的枪法最好，即便打不中，A优先射击的对象还是B，因为C的枪法太烂。但是如果C打中了A，那么下一轮先开枪的就是B了，在接下来的射击中，C就处于险境了，毕竟B的枪法有六成准确率。所以，C的最佳策略是胡乱开一枪，只要他不打中A或B，在下一轮射击中，没有人会对他开枪，他依然处于安全境地。

从上面的分析不难看出，只要最差的枪手不主动打破平衡，他就永远处于优势。因为在强者的争斗中，弱者是被忽略掉的，这被称作枪手效应。

所以，在面对多重竞争时，除了要关注实力之外，还要运用好策略，这样才会让自己立于不败之地。

三国时期，其实就是一个非常明显的枪手博弈的过程。在曹操逐渐壮大，势力严重威胁到孙刘的时候，孙刘形成联军之势，随后在赤壁打败曹操。曹操带着残兵败将北逃时，在华容道被关羽截住，但是关羽却放走了曹操，让曹操跑回了北方，重整旗鼓。

其实原因很简单，如果关羽在长江边杀了曹操，那么吴国就成为势力最大的一方，他们肯定会兴兵伐蜀，以此时蜀国的兵力，必定不是吴国的对手，很可能会被灭国。因此，为了让吴国有所顾忌，曹魏政权必须存在，这样才能保证蜀国政权的安全，继续在夹缝中求生存。

几年之后，孙刘联军局势打破，刘备举全国之力伐吴，却被陆逊火烧连营，反而丢了性命。在当时，陆逊领兵一路追到鱼腹浦，幸亏诸葛亮及时出川，制止了陆逊。陆逊在准备渡河的时候，看到对岸怪石林立，不一会就狂风大作，飞沙走石，摄于诸葛亮的能力，陆逊只能班师。

当然，这是《三国演义》中描写的场景，历史上未必真的有。但是陆逊当时确实有继续追击蜀国扩大战果的能力，但是他却放弃了；因为他也明白，蜀国的存在对曹魏政权是一个牵制，如果自己灭了蜀国，曹魏一定会趁自己元气大伤之际，大举侵来。

事情也确实如此，诸葛亮回到西蜀之后，积极整顿，后来疯狂地进攻魏国，史称六出祁山，吴国也趁此休养生息，壮大国力。

只要有利益，就有冲突、竞争。在这个时候，其实不需要和对方针锋相对，也不需要做那个“出头鸟”，我们大可做老虎后面的那只狐狸，做好自己的工作，即可。

德西效应：做感兴趣的事就是成功

物质奖励确实能起到一定的激励作用，但这种激励是浅薄的，也是短暂的。而要想获得恒久的动力，兴趣是最有效的激励手段。

适度的奖励有利于巩固个体的内在动机，但过多的奖励却有可能降低个体对事情本身的兴趣．降低其内在动机，这就是“德西效应”。也就是说，有时候外加的报酬和内感报酬兼得，不一定会使工作动力提升，积极性更高，有时候甚至会起反作用。

德西效应是心理学家爱德华·德西在一次实验得出的结论。德西教授随机抽调了一些学生去做一些有趣的智力题，这些学生对解智力题都很有兴趣。

德西教授把实验分成三个阶段：第一阶段，抽调的学生在解题之后都没有进行奖励；第二阶段，对新抽调的学生进行奖励，每完成一道难题奖励 1 美元，对原先不奖励组的学生依然不奖励；第三阶段，在休息时间内注意观察学生，结果发现，无奖励组的学生比奖励组的学生愿意花更多的时间在休息时间内去做题。这说明：奖励并没有让学生更愿意去解题，反而呈现衰退迹象，而无奖励组则依然保持了极高的兴趣。

实验表明：人们在从事某种活动时，为他们提供奖励，有时候反而会降低这项活动对他们的吸引力。所以，我们要想取得更高的成就，就要在自己感兴趣的事业上多努力，否则，只能是高付出，低回报，甚至没有回报。

我们小时候可能都被问过：“长大了要做什么？”那个时候，我们会说：“要当科学家”“要当作家”“要当飞行员”等，但是随着年龄的增长，能够实现儿时梦想的实在是寥寥无几。很多时候，并不是我们不在坚持儿时的梦想，而是自己的期望和兴趣不匹配了。所以，能够找到自己最感兴趣又最能发挥自己特长的工作，往往决定了一个人的前途和命运。但是太多的人不知道自己的特长，也不知道自己的兴趣，于是就不停地从事各种行业，却始终一事无成。

马克·吐温在写作之前，也做过一些其他事情，结果都不理想。他也经过商，第一次投资是打字机，但是被人骗了，损失了十几万美元；第二次想做出版公司，但不懂行情，不懂经营，又赔了十万美元。两次一共赔了将近三十万美元，不仅赔光了他多年的积蓄，还欠了一屁股债。

幸好，他的妻子知道他在写作上非常有才华，于是对他进行劝说，分析他在经商方面的缺陷，以及在文学方面的天赋，使得马克·吐温重新振作起来，走上文学创作之路。也正因为有妻子的帮助，马克·吐温才摆脱了破产的痛苦，在文学道路上取得了辉煌的成就。

作家斯贝克也有过相似的经历，在从事文学创作之前，斯贝克从事了许多行业，一开始，他觉得自己身高不错——有 1 米 9 多，于是就想当一名篮球运动员。但是他实在没有运动天赋，球技很一般，随着年龄的增长，不得不突出篮球运动。后来他又想当画家，说实话，他的画作没有什么出彩的地方。不过在他给报刊画插画的时候，他偶尔也写点小文章，这些文章随同插画一起寄给了报社，在这个过程中，他逐渐发现自己在写作方面的才能，并对此产生了浓厚的兴趣，后来成为家喻户晓的作家。

比尔·盖茨也曾说过，成功的秘诀就是：“做你所爱，爱你所做。”盖茨可以说是世界上最成功的人之一，这是因为他发现了自己的长处，而且把这一长处变成了自己的事业。

很多人成功的关键就是抓住了自己的优势，并把这一优势强化。他们把时间和精力投入到了自己喜欢的事业当中，并为之努力，把自己的兴趣发挥到了极致。所以，当我们选择某一职业的时候，我们最好先问问自己，“这项工作是我感兴趣的吗？我会为这项工作付出更多吗？”切不可单单询问这项事业会给自己带来多少回报，因为物质的激励终究是有限度的。

马拉松效应：学会制定阶段性目标

马拉松是一项长跑比赛项目，全程为42.195公里。这项比赛源自于公元前490年9月12日发生的一场战役。这场战役是波斯人和雅典人在在离雅典不远的马拉松海边发生的，史称希波战争，雅典人最终获得了反侵略的胜利。为了让故乡的人尽快知道胜利的喜讯，统帅米勒狄派一个叫菲迪皮茨的士兵回去报信。

菲迪皮茨是个有名的“飞毛腿”，为了让故乡的人们早知道好消息，他一个劲地快跑，当他跑到雅典时，已上气不接下气，激动地喊道“欢……乐吧，雅典人，我们……胜利了”，说完，就倒在地上死了。

为了纪念这一事件，在1896年举行的现代第一届奥林匹克运动会上，设立了马拉松赛跑这个项目，把当年菲迪皮茨送信跑的里程——42.193公里作为赛跑的距离。

这是一项十分考验身体素质和耐力的比赛。但是在1984年，东京国家马拉松邀请赛中，名不见经传的日本选手山本田一获得了冠军。日本沸腾了，当记者采访山本田一的时候，他就说了一句话：“凭智慧战胜对手。”

这一回答让大家都以为这个矮个子选手在故弄玄虚。要知道，没有过硬的身体素质，以及坚强的意志力和耐力，很难在这项赛事中取得成绩，要说靠智慧取胜，实在有些让人难以信服。

但是接下来令人吃惊的事情又发生了。两年之后的意大利国际马拉松邀请赛上，山本田一再次夺冠。好奇的记者再次问了上次的问题，不善言辞的山本田一还是给了上次一样的答案。这一次，记者虽然还是有些疑惑，但是却不再嘲讽这个小个子选手了。

终于，十年之后，山本田一在他的自传中公开了这一秘密："比赛之前，我会乘车反复确认比赛线路，并把沿途中比较醒目的标志记下来。比如，银行、大树、红房子等，这些标志会一直持续到终点。比赛开始后，我会快速冲向第一个目标，到达第一个目标之后，我会以同样的速度向第二个目标冲去，紧接着是第三个、第四个……就这样，40多公里的赛程，被我分解成了许多容易完成的小目标。其实最初跑马拉松我也不懂这个道理，一开始我也是把目标定在了终点，但是还没跑到一半我就筋疲力尽了，前面的二十多公里路程把我吓到了。

后来，人们把山本田一分解马拉松路程的做法用到了众多领域中，并将其称作马拉松效应。马拉松效应告诉我们，要学会制定阶段性目标。当我们面对一个大的目标不容易实现的时候，不妨把它分解成众多小目标，一个一个去实现，这样反而更容易实现大的目标。

我们每个人都会为自己制订目标，但是很多目标不是一蹴而就，而是需要我们付出艰辛的努力。有些人面对遥远的目标时，就退缩了，他们觉得自己无法完成那遥不可及的目标。其实目标遥远并不可怕，可怕的是什么都没做，就放弃了。

当我们遇到难以实现的目标时，不妨把这个目标分解开来，分成一个一个阶段性的小目标，就比较容易实现大的目标。可以说，这些小目标是我们能看到的具体的目标，面对这样的目标，自然能刺激我们前进的动力。

我们要明白一个道理，大的成功是由小的目标积累而成的，每一个成功的人士，都是靠着实现无数个小目标来达成自己的大梦想的。

所以，面对不容易实现的理想，不要轻易放弃，因为放弃就是失败。我们要做的，就是不畏艰险，不懈努力，把大梦想分解成小梦想，一个梦想一个梦想地去实现，最终，大梦想也会变成现实。

登门槛效应：成功也有捷径

登门槛效应又称得寸进尺效应，是指一个人一旦接受了他人的一个微不足道的要求，为了避免认知上的不协调，或想给他人前后一致的印象，就有可能接受更大的要求。这种现象，犹如登门坎时要一级台阶一级台阶地登，这样能更容易顺利地登上高处。

我们都知道，对于难度较高的请求是不容易被接受的，但是对于小的、容易实现的要求，人们乐于接受。在实现小的要求之后，再提出较大的要求，为了保持前后一致的形象，人们会被迫接受这些难度较大的要求。针对这一理论，心理学家弗里德曼与弗雷瑟于曾做过一个实验：

他们派了两位大学生去拜访加州郊区的家庭主妇。首先是其中一位大学生登场，他要做的是请求主妇们帮一个小忙，在一个呼吁安全驾驶的请愿书上签名。很显然，这是一项公益事件，因为每年有太多的人死在危险驾驶上。主妇们欣然接受了这一请求，在请愿书上签了名，当然，有很小的一部分主妇用“我很忙”这个借口，拒绝了大学生。

接下来，两周之后，第二名大学生登场，他也是为了呼吁安全驾驶去的，他还拜访了一些第一个大学生没有拜访到的主妇。不过这次不是在请愿书上签字，而是要把一个大招牌树立在她们院子里的草坪上。由于这个招牌很大，也不精致，和周围的环境不太协调。这个要求可以说有些过分，他们觉得主妇们很可能会拒绝，因为毕竟是素昧平生的人的要求，她们完全能置之不理。

实验结果显示：第一次没有被拜访到的家庭主妇，只有 17% 的人接受了要求。但是第一次拜访过的主妇中，有超过半数的人接受这项要求。心理学家对此解释：人们希望留下表里如一的印象，为了保证印象前后一致，她们做了一些理智上本应拒绝的事情。

“钉子汤”的故事，其实也是登门槛效应的应用。

有一个四处流浪的老汉，这天来到了一个小镇上，饥肠辘辘的他很想饱餐一顿，但是身无分文，让他根本进不了饭馆。后来，他来到了一个看上去比较富足的房子前，敲响了院门。里边走出一个大腹便便的中年男子，粗声问道：“你要干吗？”

老汉回道：“先生，我已经两天没吃东西了，能施舍点吃的吗？”

“走开走开。”中年男子二话不说，就要轰老汉走。

老汉转身要走，突然摸到口袋里有两根铁钉，灵机一动，说道：“我不要吃的，可不可以借您的锅用一用，我想熬一锅祖传的‘钉子汤’，这汤真得很好喝，而且强身健体。”

中年男子从没听过“钉子汤”，很是好奇，就答应了老汉的请求。老汉支起锅，添了一锅水，随手把两根铁钉扔进锅里，然后开始熬汤。不一会，锅里的水烧开了，老汉舀了一勺尝了尝，说道：“真好喝，要是有点蔬菜就更好了。”

中年男子一听，也想尝尝这“钉子汤”，于是说道：“我家里还有一点蔬菜，可以给你，不过你得分我一碗汤。”

老汉点点头答应了。

随后，老汉又用同样的方法要来了油、肉、香菇、洋葱等。最后，一锅香喷喷的“钉子汤”就熬出来了。老汉也兑现了自己的承诺，给了中年男子一碗。男子喝完之后，对“钉子汤”赞不绝口。

老汉向对方索要食物被一口回绝了，然后他通过“借锅”这个小请求，打开了中年男子的防备心理，最终喝到了美味的“钉子汤”。

登门槛效应之所以容易成功，是因为人们面对小的要求，不会有戒备心理，会欣然答应，这样会显得自己随和、热心、不拘小节。但当他们接受了小的要求之后，实际上就卷入到了对方的计划当中。对方会对要求不断加码，而人们为了保护自己的自尊心，维持前后一致的形象，不得不答应这些比较过分的要求。

达维多定律：抢到先机就成功了一半

达维多定律是由曾任职于英特尔公司高级行销主管和副总裁威廉·H·达维多提出并以其名字命名的。达维多认为，任何企业在本产业中必须不断更新自己的产品。一家企业如果要在市场上占据主导地位，就必须第一个开发出新一代产品。

达维多认为，进入市场的第一代产品能够自动获得 50% 的市场份额。因此，一家企业要想在市场中占据主导地位，就必须永远做到第一个开发出新的产品。接下来进入市场的商家绝对比不过第一家，即便第一家开发出来的商品并不完美。

达维多还指出，企业要想长期占据市场主导地位，必须在本产业中第一个淘汰自己的产品，使自己的产品尽快更新换代，而不是让激烈的市场竞争把产品淘汰掉。

达维多定律就是我们常说的“做第一个吃螃蟹的人”。只有抢的先机，才更有可能获得成功。也就是说，敢于创新的人，才最有机会赢得胜利。

哈罗牌啤酒打入布鲁塞尔市场就是源于一场创新。

在很长一段时间里，啤酒商发现，想要打开布鲁斯阿尔市场非常困难，但是哈罗啤酒却做到了。于是，一些啤酒厂商前去哈罗啤酒厂取经。哈罗啤酒厂位于布鲁塞尔的郊区，不管是厂房还是生产设备都没有什么特别的地方。但是他们厂的销售总监林达是一个出色的策划人员，哈罗啤酒打入布鲁塞尔就是出自他的策划。

林达在啤酒厂做销售的时候，啤酒厂的效益并不好，正在一年一年减产，因为没什么效益，也就没有钱在电视台和报纸上刊登广告，没有广告也就限制了销路，形成了恶性循环。林达不止一次恳求厂长到电视台做一次广告，但都被厂长以“没有钱”拒绝了。后来，林达决定自己冒险做这件事，于是，他个人贷款承包了厂里的销售工作。之后，他就在想，如何做一个最省钱的广告。

这天，林达一个人溜达到了布鲁塞尔市中心的于连广场。这天是感恩节，已经是傍晚时分，广场上有很多游玩的人，热闹非凡。在广场中央，是一个撒尿的男孩的铜像，这个铜像就是因为拯救整个城市而闻名于世的于连。当然，铜像撒出来的“尿”是自来水。几个孩子用空瓶子在接水嬉戏。看到这一切，林达灵机一动。

第二天，路过广场的人们发现，铜像撒的“尿”变成了金黄色的哈罗啤酒。铜像旁边的大广告牌子上写着“哈罗啤酒，免费品尝”。这件事很快就传播开来，人们纷纷从家里拿来瓶子、杯子排成长队去接啤酒喝。电视台、报纸、广播电台对这件事进行了大量报道。就这样，林达不花一分钱就为哈罗啤酒做了一场意义非凡的广告。哈罗啤酒的销路也迅速打开了。

这些企业时刻都有一种危机意识：与其让别人迫使自己的产品被淘汰，不如自己淘汰自己的产品，通过主动适应市场的变化而获得市场的主导权。在市场竞争中，一些商家被对手挤掉了，原因就是他们想得太多，讨论事情也希望是“一致同意”“全票通过”，但是这种思维只会让自己落后于其他商家，最终被市场淘汰掉。

一位成功的企业家说过：“一项事业，十个人有一两个赞成，就可以开始了；有五六个赞成时，就已经比别人晚了一步；如果七八个人赞成，那就太迟了。”

所以，只要抢到先机，你才最有可能成功。一个企业如此，对人亦是如此。好的开头也是成功的一半。今天你把握先机，明天你才能更好地迎接属于自己的成功。

第八章

管理小秘书：事半功倍的管理秘诀

管理也要有技巧，讲方法，喋喋不休的批评不仅不会起到正面效果，还会造成负面影响，你确定自己真的懂管理吗？

超限效应：批评不可过多

什么是超限效应呢？所谓超限效应在心理学上这样解释：指刺激过多、过强或作用时间过久，从而引起心理极不耐烦或者逆反的心理现象。用通俗的话来说就是，当你过度地对一个人做出刺激性的行为时，对方会产生非常不愉快的反应。最终你的行为起到了相反的作用。

这种超限效应最常见的就是在家庭教育中，尤其是处在叛逆期的孩子，在他们身上更加明显。当孩子考试没考好的时候，父母会一而再，再而三地对孩子进行批评教育。一遇到事情，父母就会拿这件事对孩子进行重复教育。

长此以往，孩子就非常容易出现逆反心理。毕竟批评也是需要时间去接受，然后改变的。一旦父母无休止的重复批评，孩子便从刚开始的内疚不安到最后变得冷漠反感。所以父母常说，孩子一长大就变了，变得不乖了，不像以前一样听话了，可是这种情况是谁造成的呢？仔细想想，过度的批评对孩子真的是一种无形的伤害。

在学校里，老师也常常将学生叫到办公室，然后就开展“连环攻击”，批评了一会后，觉得意犹未尽，然后就又开始了接二连三的重复教育，最后老师是心里舒服了，可孩子对老师厌恶的速度，却是以几何数增加。可想而知，这样的教育方式是不可取的。

其实，教育孩子也是有章可循的。只会过度地批评孩子，这样的做法不仅不可取，而且是非常不明智的。教育孩子要把握一个度，所谓度就是不能超过孩子的心理承受能力，一旦越界，势必批评的效果会适得其反。家长和老师都要记住：“孩子犯了错，只能批评一次”，而且千万不要总是揪住孩子的一件错事不放，并用同样的方法，重复着相同的语言。要适当从不同的角度去引导孩子认识到自己的错误，做到循循善诱。

可见，家长和老师在对待孩子的教育问题时，要把握好“度”。因为如果“过度”，就会产生“超限效应”。如果“度”不够，又达不到教育孩子的目的。所以，如何做到恰到好处，避免产生超限效应就显得尤为重要了。

超限效应不仅表现在孩子的教育中，而且在公司的管理中也存在着。

柏思齐是一家药店的店长，他为药店制定了严格的管理制度，严格执行并且禁止员工违反其中任何一条制度。员工平常见了店长都远远地避开，深怕自己一个不小心被店长责骂。有一次，一位女店员在结账时，由于未按照药店规定的“双人复核制度”复核，就将药卖给了顾客。顾客回家以后才发现，药买错了，并不是自己需要的那个厂家的药。于是返回药店进行了调换并投诉了这位女店员。

按照店里的规章制度，对该女店员进行了200元的处罚，并在开会的时候当着全体员工的面，对该女员工进行了批评。事情到这里本应该结束了。可在接下来的日子里，店长却将这件事当成了典型案例，时不时拿出来让员工引以为戒；并毫不避讳地说出该女员工的名字，一次两次，三次四次，直到最后该女员工“一纸休书”辞去了工作以后，店长才慢慢明白了自己的批评过了火。

本来很小的一件事情，最后却发展成这样的结果，是谁也不愿意看到的。在公司的管理中，教育和批评下属是每一个领导都会做的事情。可是同样是批评，为什么有的公司因为领导的批评蒸蒸日上；而有的公司却因为领导的批评，业绩在不断下滑。其实说到底，一个优秀的领导，不仅表现在个人能力上，也表现在管理水平上。人非圣贤孰能无过，当领导面对员工形形色色的错误时，不仅只是随心所欲的重复批评，这里重复是重点。通过以上案例，我们能清楚地认识到，因为没有掌握好批评的“度”，产生了超限效应。最终造成的结果也是适得其反的。

所以人们常说，凡事都得有个度，对于批评也是如此。批评绝对是一门学问，正确的批评能够让人虚心接受，并且很快改正错误，事半功倍；而不正确的批评，却让人难以接受，最后事倍功半。这里的正确和不正确就是一个“度”的掌控。所以聪明的你，要知道如何做出选择，让自己成为一个会批评的人。

互惠效应：人际关系的润滑油

有人说，现在人际关系越来越复杂，人与人之间的关系都是相互利用的关系．也有人说，人与人之间的关系主要表现为金钱关系，有钱就有关系。诚然，也有一些善良的人认为人与人之间的关系是相互帮助的关系，可说得简单一点，人与人之间的关系主要表现为相互需要和相互依存的关系，由这种关系产生的效应，通常称之为互惠效应。

常言道，你怎样对待别人，别人也就会怎样对待你。

曾经就有一位教授做了这么一个实验：

随机挑选了一群素不相识的人，在圣诞节的时候，给他们每一个人寄送了一张祝福贺卡，没想到的是，每一个人在不知道自己是谁的情况下，均回赠了卡片。就是这么一个小小的实验能看到每一个人的内心。

在现实生活中，这样的现象处处可见，俗话说“来而不往非礼也”，如果你过生日的时候收到别人的祝福短信和礼物，你也会记住他们的生日，并在那天送上自己的一份生日礼物。如果你的朋友热情地参加了你的婚礼，届时你也会积极地去参加他们的婚礼。这样的例子还有很多，正是这种人们潜意识里存在的“互惠效应”，让人与人之间的关系越来越近。

即使在动物之间，也存在着这种“互惠效应”。

在非洲，有一种蝙蝠常常吸食其他动物的血液为生，如果连续两天不能吸到别的动物的血液，那么它就会死。但是科学家发现了一个有趣的现象，饱餐一顿的蝙蝠，通常会将自己吸食来的血液吐给同伴一些，即使这个同伴与自己没有任何血缘关系。更有趣的是，蝙蝠们会优先回报曾经向它们馈赠过血液的个体。

互惠效应是人与人、动物与动物、人与动物之间在相互交往中必须遵循的行为准则。互惠效应的应用是非常广泛的，不仅在熟人之间，在陌生人之间也是很有用的。比如，说一个陌生人如果事先施予我们一点小小的恩惠，然后再提出他的请求，我们很大的可能性是不会拒绝这个请求。在一些咨询调查公司，员工在调查问卷的时候常常会提前先递增一些小小的礼品，这样会大大地提升调查问卷的真实性和回收率。有研究也表明，答应在问卷调查之后寄 50 元钱给调查者的效果，不会比事先就给调查者 5 元钱的效果好。因为后者的效率是前者效率的两倍。

我们在受到互惠原则的影响之后，当我们受到恩惠或者礼物的时候，我们的内心就会有种自然而然的义务感，来回报他人对自己的恩惠。俗话说得好：“助人为乐是快乐之本，一个永远不懂得帮助他人的人，即使在某些方面占了便宜，也不会快乐”。行为孕育行为，你对我友善，我才会对你友善。无数的事实证明，及时地回报他人对自己的恩惠，自己也会变得越来越好。

所以人与人之间就像坐跷跷板一样，不能永远固定在一端高，一端低的情况下。我们在高低交错中，才能快乐。很好地应用互惠原则能帮助我们在人生的道路中越走越远。

从众效应：管理员工要讲方法

从众效应在我们的生活中，处处可见。其中的影响小到个人，大到社会。

有这么一家公司，因为地理位置地处繁华路段，上班时间堵车相当严重，员工也因此常常迟到。公司在了解这一事实之后，专门制作了一个小册子，让迟到的人在这个小册子上写下自己迟到的原因。大家的原因通常都是一样的——“路上堵车”。后面迟到的人为了简要，便写上了“同上”二字，慢慢的大家都养成了写“同上”的习惯。

一天，一位已婚妇女急急忙忙来到公司，结果还是迟到了，于是她在小册子上写了自己迟到的原因：“小孩生病，我陪他去看医生”，结果后面迟到的人纷纷写上了“同上”二字。结果最后成了一个笑话。从这个简单的例子就能看出“从众效应”带给人们不好的影响。

关于闯红灯的事情，这个现象在社会中尤其明显。当很多人聚在一起时，他们就完全不管红绿灯了，直接横穿马路。只要有一只领头羊，后面就一定会有人跟着闯，要是有人责备道：“你怎么闯红灯呀？”他便会理直气壮地说：“前面那个人能闯，为什么我不能闯。”“从众”并不是特殊的称呼，但是它能产生特殊的效应。当你从众的时候，你能融入正义的海洋，也可能走向歪理的道路。如果你盲目从众，对你并不是一个很好的选择。

为什么会产生这种从众效应呢？主要有两个方面的原因：第一种是信息性的。你不知道在这个情景里，如何去做才是对的，你会跟随他人的行为，去做相同的事情。比如，即将迎来的下一周考试，你不知道现在开始复习会不会太早，但当你犹豫不决的时候，看到别人在尽情地玩耍，于是你感觉自己也应该去玩耍。于是你根本没有考虑自己的学习情况和考试的难易程度。最终你很可能考试的成绩不是非常理想。第二种就是规范性的。我们在很多时候会遵循一个不言明的“规范”。只是为了融入他人或者所在群体。

盲目从众，会让人们逐渐失去自我。生活中的每个脚印都需要自己去踏出，永远踩着别人的脚印往前走的人，只能永远地活在别人的影子里，找不到自我。在当今社会，人们内心有一种观念：罚小不罚众。这使得人们常常喜欢抱团，在言语和行为上都人云亦云；在思想上随波逐流。这种长期的从众，埋没了我们的思想，让我们成为了没有思想的木偶。

虽然跟随大众，能让我们不必费时间和精力去思考，只跟着别人做就好。跟着大部分人准没错，但是不要忘了还有一句名言就是：真理掌握在少数人的手中。你会发现那些跟随大流的人可能不会犯错，可能不需要费时费力，但终究不会有多大的成功。而往往那些特立独行的人，反而能找到生命中的乐趣，找到自己，然后做出一番成绩来。

当然，从众带来的影响也不是绝对坏的。你要做的就是“理性”地去选择。认真思考一下大家都在做的这件事情对不对、合理不合理，权衡利弊后做出自己的选择。

唐万新旗下的德隆集团在杰克·韦尔奇的“GE 模式”风靡全球的时候，唐万新盲目地跟随这个模式采取一系列措施，在没有考虑自身集团的情况下，不出三年，集团倒闭了。而同样面对“GE 模式”，海尔集团的掌门人张瑞敏倔强地保留了自己集团的个性，以批判的眼光否决了“GE 模式”，最终成就了海尔集团的辉煌。

所以，请不要盲目地从众，理性地看待别人的一些做法。必须有自己的思想，并取舍一些东西。俗话说三思而后行，恪守心中的准则，吸收别人身上的优点并融入到自我身上，这样才不会让他人的行为轻易地影响到自己。所以做好自己，不盲目从众是非常重要的。

灯塔效应：有远景才有竞争力

人生的路，其实走着走着也就明白了，对于自己的未来，也就会有很好的规划。目标是一个成功者必不可少的一个前提。人们常说："一个人有多大的目标，就会有多大的成就。"一个人有了目标就像是有了一个激励着我们前进的灵魂，它会督促我们努力地朝着一个方向去奋斗。

你听过砌墙工人的小故事吗？工地上正在施工，有一个人很好奇，就过去问工地上的工人一个问题，他问："你们这是在干什么呢？"结果几个人的答案都不一样，询问的第一个人的时候，他心情很不好地说："自己不会看吗，不知道在砌墙吗。"第二个人脸上带着笑容回答说："其实我们正在建造一幢高楼呀。"到了第三个人的时候时，只见此人脸上洋溢着灿烂的笑容，嘴里还唱着很欢快的歌曲。

这个人很好奇，心想为什么第三个人会看起来这么快乐呢？于是就走过去问了他同样的问题，第三个人当时很高兴地回答："我们正在建造一座新的城市呀！"

过了十年之后，他们三个的前途各不一样。第一个人还只是一个砌墙的工人，第二个变成了建筑工程师，第三个则成为了建筑行业的老板。

从这个案例中，我们能看出对待同样一个问题，每一个人的看法是不同的。成功的人总会从每一件小事中知道自己未来发展的方向，给自己确定一个目标，然后为之努力。如果连目标都不能确定的人，他永远也不会看到成功的希望，注定只会碌碌无为地过一生。

世界上有很多的人都对自己拥有的生活不是很满意，但是他们的心中也没有一个清晰的远景，因此他们也没有鞭策自己的动力，面对不满意的生活，也无力改变。如果有一个明确的目标，我们也有了努力的方向，就会去确立一天的目标；一个星期的目标；一个月的目标；一年的目标。然后一个个的去矢志不移地实现，这样我们在这个社会中就会立于不败之地。

哈佛大学研究人员也做过一项类似的调查。

这些研究人员把一群智力、学历、环境各方面都差不多的人作为研究的对象。询问了他们的目标和理想，发现 27% 的人没有目标，60% 的人有模糊的目标，10% 的人有清晰而短期的目标，而只有 3% 的人有清晰而远大的目标。

25 年过去了，跟踪结果也浮出了水面，那些拥有清晰而远大目标的 3% 的人，他们经过 25 年不断的努力，让自己成为了社会各界的顶尖人士。10% 的那一部分人生活在社会的中上层，他们的生活还算滋润，但是没有很大的成功。60% 的人，生活在社会的中下层，他们能维持自己的衣食住行，生活平平淡淡。最后 27% 的一部分人，几乎经常会面临生活中的各种不如意，常常抱怨他人，抱怨社会。

这个调查很真实地向我们反映了成功者应该具备的素质，就是有着清晰的远景。而远景对人生有着巨大的导向作用也能激发一个人的竞争力，来使自己获得不断前进的动力。每个成功者心中都有一盏明灯，为他们照亮远景，不断地催促他们走向远方，并完成自己的使命。也就是说，大多数成功者都拥有自己的一盏明灯，明灯让他在竞争中不断地成长，为他在黑暗中指引前进的方向。

在这个飞速发展的社会中，我们总是在憧憬着能在社会中发光发热，总是憧憬着能成为人上人，过着别人羡慕的生活。但是现实的社会很残酷，在这个繁花似锦的社会中，我们是很渺小和稚嫩的，如果我们心中没有远景，将会陷入迷茫，看不清方向。我们只有给自己心中建立一个灯塔，让它的光芒来指引着我们前进。不管未来的路有多么的艰苦，只要我们不轻易地认输，相信风雨之后彩虹总会出现。

马蝇效应：不妨多一些激励

你见过懒惰的马吗？如果懒惰的马身上有马蝇叮咬，那么它就会精神抖擞，飞快奔跑。这就是著名的马蝇效应。

马蝇效应来源于美国前总统的一段有趣的经历。

美国前总统林肯在大选后，没有听大银行家巴恩的建议，将狂妄十足的蔡思选入了内阁。蔡思狂热地追求最高领导权，而林肯又一分器重他，任命他作为财政部长，蔡思没有得到自己满意的职位后，怀恨在心。

林肯在接受采访的时候，被告知蔡思在谋求总统职位，但是林肯却用他特有的幽默语言讲了这么一个故事："有一次我和一个兄弟在老家的一个农场犁玉米地。我发现有一匹马很懒，但是有一段时间它却跑得很快，我怎么也追不上，到了地头才发现有一只很大的马蝇叮在它身上，于是我就把马蝇打掉了。结果我的兄弟很纳闷地告诉我，正是这家伙才让懒惰的马跑起来的啊！"林肯意味深长地说："如果现在有一只叫'总统欲'的马蝇正叮着蔡思先生，那么只要它能使蔡思不停地跑，我就不想去打落它。"

在企业中，作为领导会遇到各种各样的员工。有的员工有背景、有的员工有优势、有的员工想跳槽，那么针对这些员工如何才能让马蝇效应在管理中发挥重要的作用呢？

首先针对有背景的员工来说，他们的"背景"就是他们的后台，这个后台有可能是政府官员，有可能是你的上司。这些所谓的"背景"，不仅让这些员工在工作中得到了一些便利，而且会为你增添许多不必要的麻烦。即便他们犯了错，也可能享受与其他员工不一样的处罚。这种员工就好像一个人身上的“肿瘤”一样，留着可能情况越来越糟，割掉又可能有生命危险。

针对有背景的人来说，他们的工作能力可能不一定比其他人优秀。但是“背景”赋予他们心理上的满足感，他们会因为“背景”的存在，做人做事方面比其他人更加自信，因此更能发挥出高水平。对于他们这种有“背景”的人，要在他们工作上有很好表现的时候，适当地进行褒奖。这个尺度不能大也不能小，过多的褒奖会让其他员工不太舒服，过少的褒奖又会让他们觉得心理上没有得到满足。对于他们来说，马蝇就是他们既得利益又得到心理上的满足感。

其次就是那些自我感觉有优势的员工，他们通常具有更高的学历和丰富的经验，具有一种比其他员工更优越的心理。他们的独立性相对比较强，认为自己为公司做出的贡献更多。于是不屑与公司的其他同事进行沟通，发展到一定程度以后，他们的这种行为很可能造成与同事关系的不和谐，影响到公司的业绩。

针对这种自我优越感很强的员工，他们不会惧怕更加有难度的工作任务，也不惧怕更高的目标；他们更加喜欢与别人不同，做一些有难度的事情来达到自己的目标。这时候就要将一些有难度的任务放心地交给他们并适当地与他们进行思想上的沟通，偶尔可以对他们进行“冷处理”，让他们体会到团队的重要性比个人更加重要。但适当的时候也要鼓励他们，保全他们的面子，因此谨慎地做好他们的工作，是提升管理绩效的关键。

最后就是那种想跳槽的员工，他们相比其他员工是非常现实的。他们具有很强的占有欲，一旦他们感觉到容不下自己的时候，或者其他公司的待遇比目前所在公司待遇好，他们会很容易就跳槽；而且在这段时间，他们对工作和同事也表现出一副极不耐烦的状态。有时候会和公司的某些制度作对，到最后人走了以后，给公司依然留下了不好的影响。

针对这种跳槽的员工，机会、权利和金钱就是驱使他们做出选择的马蝇。千万不要为了留住他们而轻易地做出承诺。否则一旦实现不了对他们的承诺，最后的结果可能更加糟糕。所以要懂得以理服人，以情动人。如果一旦他们离开的决心很强，也不要过多地强留；适当的时候，可以提前让他走人。

所以面对不同的人，要有不同的管理方法。不同人身上都有或多或少的缺点，如果你能掌握住驱使他们的“马蝇”，这些人一定能为你所用，公司的绩效也会与日俱增。

做一个学会使用“马蝇”的人吧。

热炉效应：违规者都要被惩罚

热炉效应是西方管理学家提出的，它是一种惩处法则。热炉不管是谁碰到，都会被烫到，它对于每一个人都是平等的，不会因为个别因素就会差别对待。这个法则相当于我们生活中的规章制度，不管是谁触碰了法则，将会受到惩处。

俗话说：“没有规矩，不成方圆。”能看出规则是极为重要的。从古到今，不论什么时代，不论是什么地方，都有相应的规章制度，来约束着人们的生活，达到管理人们的目的。小到每一个家庭，大到一个国家，规则无处不在。

在现在的企业中，每一个管理者都会制定管理制度，对于违反制度的行为的严重程度做出界定。而企业的规章制度不仅仅在管理中扮演着重要角色，能够保障公司管理的规范化，也保护员工的合法权益，不让他们受到伤害；同时，它也在规范着员工的行为，评判着员工行为的对错，并且在一些纠纷中让企业和员工的利益不会受到不公平的待遇。

有一家大型企业的员工谢某，是流水线上的一员，公司在年终的时候给员工发放年终奖，谢某拿到属于自己那份时，感到得到的和自己付出的不成正比。他感到不公，就去找领导理论，可是年终奖是通过平常个人的表现和对公司的贡献来决定的，不是谁说不公平就能更改的。后来谢某就心存了报复念头，在一次工作时，把自己流水线上设备的一个重要零件拆下来藏了起来。因为这件事，导致整条流水线瘫痪，工作无法顺利地进行下去，单位无法向买家按时交货，按照双方签订的合约赔偿了违约金 10 万元。

公司经过核查，知道是谢某的私心导致了这次公司的损失，经过领导的决策，决定解除与谢某的劳动合同关系，谢某不服气，认为自己没有错，就向法院提起了诉讼，要求公司恢复和他的劳动关系。在诉讼的过程中，该公司提供了经谢某签字的《员工手册》，规章制度中明确指出了破坏公司设备是严重的违纪行为。最后，由公司胜出，并驳回了谢某的请求，解除了与谢某的劳动合同。

该案例体现出了规章制度的重要性。可见，拥有一套完善的规章制度，对于每一个企业来说是有重要作用的，既教育员工，使员工能够预测到自己的行为将会带来的后果，震慑员工，又让员工自己约束自己的行为。对于违反制度的行为进行惩处，能让违反制度的员工不存在侥幸心理，并且受到应有的惩罚，也能让其他员工看到违反制度的后果，从而让企业达到更好的管理。

人们常说要想火车跑得快，全靠车头带，所以在企业中，遵守规章制度首先要从领导的自身做起，当领导们遵守了制度，给该企业的员工树立了正确的榜样，上行下效，就能调动全体员工的积极性，提高团队的凝聚力，让员工在一个良好的氛围中工作，促进企业持续的发展。反之，如果领导不遵守公司的规章制度，时时挑战规则，还不受惩处，就会让员工觉得领导都不遵守，自己也不必遵守，这时，公司的规章制度就形同虚设，企业也不会有良好的发展。

规章制度是企业经营的行为准则，要做到“合理、合法、全面、具体”。如果规章制度不符合法律法规，就不具备法律效应。并且每一项制度的实施和企业每一个员工都息息相关，也和企业的发展方向有关。所以，规章制度不是一成不变的，它会随着公司实际发展的情况进行不断地完善和更新，使其更适合企业发展的需求。同时规章制度要人性化，要让员工积极为企业的发展建言，奖惩分明。只有这样才能做到公平公正，有利于促进企业健康快速的发展。

贝尔效应：既要会选才，还要善用

在企业中，一位优秀的领导除了要有专业的学术技能以外，还要有另外一个非常重要的技能，那就是知人善用。也就是既要会选才还要善于用才，这点是相当重要的。

在一家企业中，有这么一位非常负责任的管理者，他每次分配任务都是非常分明，这样的做法让员工都有点无奈。比如，他会让小张去买十斤茶叶、让小李去会议室摆 10 把椅子，有时候还会让小红写会标上的字，用毛笔写，写很大……

如果你是这家企业的员工，安排事情让你去做时，怎么做，如何做，领导都会给你安排的仔仔细细。刚开始或许你会感觉比较舒服和喜欢，可是时间一长，你肯定会不太情愿这个样子，为什么呢？因为作为一个员工，在不同的岗位，就要发挥不同的价值。领导的喋喋不休，和对你万事都管的做法，让你丝毫体会不到自己的价值，只是领导的一个“机器”，所有的程序代码都已经写好，只需要你去执行。你会喜欢这样吗？而对于这样的领导，像一个老太太一样对员工的千叮咛万嘱咐，这种作法不仅会让你越来越累，而且还会严重打击员工的积极性和处理问题的能力。

所以，出现这样的问题，很大的责任是因为领导者的“无能”。这里的无能并不是没有能力，而是不会选才和用才的问题。俗话说：“千里马常有，而伯乐不常有”。有多少千里马由于没有得到伯乐的赏识，导致他们的才能发挥不出来。这对于伯乐和千里马来说，都是一个巨大的损失。

管理者要明白，不同的人有不同的能力，如果总是掐着员工的脖子，他们是没有办法将自己的思想和热情注入到工作中去，那么这个公司如何能长期生存下去呢？有一个年轻人跟着师傅学习做西装，最开始的时候，师傅只是简单地告诉他流程和注意事项，然后就放手让年轻人自己去做。一旦他有什么问题，师傅总是及时地指引，暗示他。起初，年轻人很不理解，为什么师傅不直接一步步手把手交给自己，而要让自己去花大量时间摸索。后来，直到他慢慢成为了一位优秀的设计师的时候，他才明白了师傅的苦心。

这位师傅不愧是一位教练型的领导，他会巧妙地带领徒弟，激发他的意识，而不会像上面那个管理者，埋没人才。所以要成为一个优秀的管理者，首先要识人，其次就是要会用人。

所谓识人就是要想办法成为一名伯乐，从而识得千里马。要学会认识他人的长处，发现每个人身上不同的优点，然后最重要的就是用人了。让合适的人做合适的事情，远比开发一项新战略更加重要。从这个意义上讲，识人用人之道，关键在于“扬长避短”，这里的扬长避短说的就是先看到一个人身上的长处，然后把他的长处为自己所用，这样天下就没有不可用的人了。尤其在古代，有钱人更是喜欢招贤纳士，这些招来的人只要有一技之长，便将其养之用之。但是不会用人，不仅起不到积极的作用，而且还会造成负面效应。

知人善用的方法有以下三种。

第一，管理重要的不是“管”字，而是“理”字。用通俗的话来说就是要少去管员工，而要多去理他们。你理他们，就是对他们的尊敬，会让他们内心得到满足。而不去多管他们，让他们觉得你位高权重而对你产生一种“反感”。

第二，管理也要注重一个“安”字。“安”就是要懂得安抚员工，员工安抚好了，即使你不去理他，他也会为你所用。安抚员工最重要的就是相信他，敢于放权。你只要认为他们有能力去完成你交代的任务，就放心让他们去做。这样最容易打动他们的心，也会让结果事半功倍。

第三，最后一个字就是“带”。你是他们的上级，自然在某些方面比他们优秀，当你交代给他们的任务有一定难度的时候，过一段时间，你要主动去向他们了解最新的完成情况，并在合适的时候，给予他们恰当的提示，带领他们顺利地完成任务，应用自己的经验和智慧帮助员工成长。

所以，作为一位优秀的管理者，既要识才，还要会用才。当你能够熟练地将人才为自己所用时，才能创造出人才的价值。

留面子效应：凡事多留一线

在现实生活中，我们通常会遇到各种各样的人，他们会想尽一切办法来请求他人来帮助自己达到目的。但是有这么一部分人，他们通常能够轻易就能达到自己的目的，而又不会使他人反感。你知道他们是怎么做的吗？

比如，有的孩子为了让父母给自己买数码相机，他们会先和父母提出给自己买电脑，父母会以经济紧张为理由拒绝他们，然后他们顺理成章地要求父母买下了数码相机。其实这些孩子应用的就是心理学上的“留面子效应”。所谓“留面子效应”就是指人们在拒绝了一个比较大的要求的时候，更容易去接受较小的要求。对于孩子来说，数码相机是他们的真实要求，而电脑只是他们的一个大的要求，是用以提高父母接纳小要求的法宝。

美国著名心理学家查尔迪尼，就进行过一次类似的实验。

他将一批参加实验的大学生分成两组，并对第一组提出的请求是：让第一组大学生去担任两年少年管教所的义务辅导员，并且没有任何经济上的回报，结果几乎所有的大学生都以各种理由推脱了。之后，他又提出一个新的要求：让这些大学生带领少年们去动物园游玩，不用花费，只需要两个小时，结果大约有 50% 的大学生非常爽快地就答应了。之后，他对第二组大学生的要求：是让第二组的大学生带领少年们去动物园游玩，可结果却是令人惊讶的，在第二组中只有 16.7% 的大学生同意了这一请求。

在上面这个实验中，我们看到同样的请求，在不同的技巧之下，结果是不一样的。有的上司需要将一项复杂的工作交给下属去完成时，他会先告诉员工，让他们去完成一项更为艰巨的工作，当员工面露难色的时候，再将最初的工作交给他们，这样便会愉快地接受了。

许多人正是利用这种策略在影响他人。在他们想要别人帮助自己的时候，他们总是会事先提出一个比较高的请求，在他人心怀歉意拒绝的时候，然后提出自己内心真实的请求，由于前面的拒绝，人们通常会为了留住面子而接受随后的请求。

据说欧洲有位画家，虽然画作的水平不低，但是由于名气不够高，作品常常得不到发表。有一位画报编辑，虽然看好他的作品，但为了显示自己的高明，常常对他的画指手画脚，总是提出许多奇奇怪怪的建议；如果不按照他的建议修改，便不给发表作品。后来，这位画家想出了一个办法，每次画完画以后，都在画作醒目的地方画一只小狗，再交给那位行外编辑。结果编辑看完画以后，立马让画家去掉狗。画家虚心接受了编辑的意见，最终让自己满意的画作得到了发表，从此以后，画家越来越出名了。这位画家应用的就是“留面子效应”。

在一般情况下，人们通常都不愿意接受较高较难的要求，因为一旦做出承诺就必须付诸于行动，而实现自己对别人的承诺需要花费大量的时间和精力，而且还不容易成功。但在这个高要求下，一个低要求很容易完成，带着歉意，举手之劳便能博回一个人情，何乐而不为呢？

在人际交往中，恰当地运用“留面子效应”能助力你的生活。比如，当你和一位朋友约好晚上 8 点吃饭，由于临时有非常要紧的事情，你不得不满怀歉意地给朋友打电话，告诉他因为临时有事必须处理，可能要晚到一个小时。虽然朋友很生气，但也没有办法。结果你 20 多分钟就赶到了约好的地点，朋友在惊讶之时，也不会责备你了。

所以，“欲得寸，先进尺”是不无道理的。而“留面子效应”是一面双刃剑，能有效地增进人际关系和提高办事效率。但一定要记住：己所不欲勿施于人。不要轻易地利用他人的心理，来达到自己的目的，这种做法会让你失去一个很好的朋友。所以一定要适度，并将“留面子效应”很好地运用到你的生活中去。

懒蚂蚁效应：一定要勤于思考

有一句话是这样说的：“思想有多远，我们就能走多远。”放眼古今中外，大多数成功人士身上拥有的一个优秀的品质，就是善于思考，勤于思考。这个世界上并不缺少能干活的人，缺少的是会思考的人。思想是一个人的内在灵魂。一个人如果没有了思想，那么他和行尸走肉就没有什么区别了。在企业中，一名优秀的员工绝对不是只知道勤奋努力的人，而是善于运用自己的头脑来创造出最大价值的人。这也就是为什么靠体力赚钱的人，永远没有靠脑力赚钱的人，赚得钱多。

在日本北海道大学某研究小组曾经做过一个实验。

他们分别观察了 3 个小组的黑蚂蚁，每一个小组有黑蚂蚁 30 只。通过观察，他们发现了一个有趣的现象：绝大多数蚂蚁都在勤快地搬运食物，而只有一小部分蚂蚁却总是无所事事，这部分少数蚂蚁被称为“懒蚂蚁”。

于是研究者将这些“懒蚂蚁”的身上做了标记，并断绝了这些蚂蚁的食物来源；结果发现，这些勤快的蚂蚁忽然乱了阵脚，不知怎么办了。之后在那些“懒蚂蚁”的带领下，才又找到了新食物的来源。研究者才发现，这些“懒蚂蚁”其实并不是懒，它们只是把绝大多数时间花在了寻找新食物上。

这就是著名的“懒蚂蚁现象”。这个案例中勤快的蚂蚁不正像一个公司中的员工，而“懒蚂蚁”则可以称之为一个领导者。在公司中，我们常听到这样的声音：“为什么领导什么也不用干，苦活累活都得自己干，最后赚的钱相差十万八千里。”如果你这样想，那么你只是一个员工，而别人成为了领导也就毫不惊讶了。

高斯是德国的一位数学家，他在数学领域的影响是非常大的。在他 10 岁上数学课的时候，数学老师让全班的学生做一道练习题：计算出 1+2+3+4+……+100=?。这个题目对于今天的我们早已经不是问题，但是在那时候对于年仅 10 岁的小朋友却是非常困难的。老师看到孩子们大多都是赶紧拿起笔在草稿纸上一个一个地算了起来，生怕别人比自己快。但是只有小高斯一个人坐在座位上没有动手，这时老师走了过来，准备责备他为什么不认真计算，可是他却脱口说出了答案，并把他所用的简便方法告诉了老师。老师非常惊讶，表扬了他。10 岁的他就懂得思考，这也使得他日后的成就不容小觑。

这个案例说明了一个道理，勤于思考不仅能让智力的潜在能力得到充分的发挥，而且大大提高了办事的效率。

所以人生无处不在思考，勤于思考的人总是在不断地进步。譬如，当你在读一些书的时候，要学会思考，而不是简简单单地从大脑进进出出。一个人如果能勤于思考比自己所读的内容多的东西，长此以往，他们的思想就会得到了质的提高。但是在工作中，我们常常能看到大多数人都在机械般地重复着琐碎的工作。不加思考，一味地完成任务，然后到月底拿工资。

即是在这些机械般的工作中，我们也要勤于思考；在默想中推陈出新，在深思熟虑后果敢行动。所以在企业中，我们或许只是一名小小的员工，但是我们在完成领导交代的任务时，要多思考一下，去寻找最佳的解决方案，而不是听之任之。一次的表现或许不能引起领导的重视，但是长期的思考，你一定会变得与他人不一样，或许会成为领导最得力的助手。学着去做那一个“懒蚂蚁”，那么你的人生也会因你的思考而发生重大的改变。

笛卡尔也说：“我思，故我在。”一个没有思想的人，只能是被动的人；一个没有思想的企业，也注定会被历史所淘汰。每一个成功的企业背后，必然注入了这个企业的文化。这些文化是领导和员工思考所得出来的灵魂。当我们不断思考的时候，智慧才会被激发出来。将自己的思考融入企业的文化之中，让我们的明天更加美好。

试着让自己成为“懒蚂蚁”中的一员吧。

最后通牒效应：提高效率有方法

你有病吗？当然并不是所有的人都有病，这里的病也不是指我们身体的疾病，而是指“拖延症”，相信每个人都会或多或少有这种拖延的毛病。所谓拖延症，最明显的症状包含这几个词：“等会”“马上”“明天吧”等，衍生出来可谓是千变万化，例如：“明天再做吧，等有空了我一定会怎么样。”其实这样的问题看似非常小，但长期下来，势必会给我们的生活和工作造成很大的困扰。

拖延的本质归根于我们的自律性不强。我们或许在忙一些无关紧要的事情，或许是因为懒惰。我们通常有意无意地逃避了我们真正要做的事情。我们或许在无数个夜晚都在脑海里暗暗提醒自己第二天早上一定要早起做事情，可是第二天早上，在闹钟叫醒你的时候，你却迷迷糊糊关掉闹钟，并告诉自己，再睡几分钟就好，结果一睡就睡过了头。当这样的情景无数次地出现在你身上时，就要好好反思是不是在别的事情上你也是这个样子。没有毅力，没有恒心，对自己无比的好，好到纵容自己的一切。“在自己早晨没睡醒却快要迟到的时候，认为自己拥有闪电侠的能力，可以再睡一会，然后又不会迟到”，结果可想而知。这些理由都是我们为自己的懒惰找的借口。

拖延症这种不是心理疾病的“心病”，让很多人都很苦恼。

四川有两个和尚，一个和尚富有，另外一个和尚贫穷。有一天穷和尚对富和尚说：“我想去南海，你有什么想法？”富和尚想了想：“四川离南海有几千里，我一直想雇船去，也没能成行，你就算了吧”。穷和尚没有理会富和尚，独自带着一个水瓶和一个饭钵出发了。第二年，正巧富和尚碰到了穷和尚，穷和尚将自己去南海的一路所见所闻告诉了富和尚。富和尚心里很不是滋味，面露愧色。

富和尚为何没有去成南海？用现代视角的眼光分析，正是因为他有拖延症。相信很多人都是和富和尚有一样的想法，等有时间了再去做这个吧；等有时间再给朋友打电话吧；等有时间再去找对象吧。慢慢所有的等有时间，到最后都变成了无果的事情。

那么是什么原因造成了我们的这种拖延症呢？面对这种拖延症，我们如何去摆脱它，提高自己的效率呢？

其实造成拖延症的原因有很多。首先，可能因为自己的能力不足，不能立马完成这个工作，所以我们选择了逃避。针对这种事情，我们要做的就是先找出自己不足的地方，并加以改正，或者请教他人。通过正视自身的问题，并不断地努力去学习，提升自己的水平，来达到能完成面前这个难题的一种状态。或许第一次面对棘手的问题，可能需要我们克服内心的种种纠结。可第二次，第三次，乃至以后，当你面对种种困难的时候，我们会变成一个勇敢的人。

其次，是时间观念不强。俗话说："时间就是金钱"。可面对这个虚拟的金钱，诱惑力通常差了很多。尤其是年轻人，对自己的时间没有丝毫的安排，有什么做什么，能拖就拖。这种长期养成的习惯，造成了他们办事的效率低，由此导致的结果就是一事无成。他们想改掉拖延症，要做的就是从现在开始，对时间进行规划：什么事情在什么时间必须做完，没有"明天再做"这一说法。刚开始或许很困难，但如果你将自己的时间规划的有条不紊，并能按照自己的时间过好每一天，你将会变成一个做事非常有效率的人。

最后的原因是对工作的分解能力的不足。领导安排给你一个很笼统的工作，你不知道如何下手。越想越发愁，头也越痛，最后你选择了以后再说。对于一个笼统的工作，看似复杂，其实当你将它分成一小块，一小块后，就不会乱了。化繁为简，化难为易，这未尝不是一个很好的办法。

所以，拖延症并不是一种不治之症，而提高效率也是有法可寻的。改变不了拖延症的人终究是渺小的。请不要再为自己找各种各样的理由，去推脱那些本该你做的事情。从现在开始，认真按时地完成每一件事情，毕竟没有“病”是一件很幸福的事情。

第九章

决策指南针：运筹帷幄很简单

人生处处充满了选择：从事什么职业、是不是要换工作、要不要结婚、想不想出国……关键之处，走错一步，满盘皆输，所以，我们很需要心理指南针帮我们导航。

儒佛尔定律：学会有效预测

儒佛尔定律是法国未来学家儒佛尔提出的，此定律明确指出了有效预测是英明决策的前提；没有预测活动，就没有决策的自由。

现在的我们处于科技飞速发展的时代，旧的规划模型已经不适应我们现在的需求了，根据一成不变的假设做出的预测是不明智的。在这个动态的环境中，大大降低了我们对于未来预测的准确性。当很多的信息在无时无刻地渗透着我们生活的时候，我们要在适当的时间掌握需要的信息，但是在接收这些信息的时候，要求我们能够收集和分析出各种有用的资料，然后利用这些信息让自己在某些领域中脱颖而出。所以，做出有效的预测是非常重要的。

每一个成功的人士，他们都能在繁琐的信息中，预测出市场未来的走向，然后进行各种实验，来印证自己的猜测。要想成功地发展自己的事业，就必须要了解国内外的变化，以便能及时地做出各种决策，让自己比别人能够更快一步，让自己离成功更近一步。

一个优秀的管理者，一定要拥有灵活的头脑、反应迅速，懂得运用各种方法来有效地预测未来。预测未来包括整个行业的趋势、员工的思想状态、企业的发展方向。所以说预测未来并不是一件容易的事情，它需要管理者对市场信息有充足的了解，并更快地找到一条适合自己生存和发展的道路。有效地预测，才能做大做强企业。但这种预测并不是盲目的，而是基于对收集到的信息进行有效地把握和分析，然后找到事物之间普遍的联系，哪怕是一件非常小的事情，都可能影响到预测的准确性。所以，要想准确地预测未来，是相当重要的。

比尔·盖茨就是善于预测，才成就了自己。1969年，比尔·盖茨所在的学校是最早开设计算机课程的学校，他和他的朋友从计算机方面得到了启示，看到了计算机在未来的发展趋势和商机，所以，只要有时间，他就去操作这台电脑，终于在他13岁的时候就编出了第一个电脑程序。后来，他意识到电脑的发展速度很快，如果等到自己念完大学，可能就会错过一个好机会，所以，他就毅然地退学了，凭着一个信念他开始了自己的成功之路。他凭借着独到的眼光，坚信电脑会给人类带来更多方便，于是，他抓住了稍纵即逝的创业机会，加盟了IBM公司。锲而不舍的精神和自制的经营能力，让他成为了全球首富，开创了自己的商业帝国。

每一种成功都源于一双善于发现的眼睛和执着的信念。我们经常抱怨自己为什么就没有这样的机会，但很多的时候，机会只留给有准备的人，即使没有机会，他们也会创造机会。张九龄曾经说过："机不可失，时不再来。"没错，抓住每一次机会，才能和成功拥抱；抓住每一次机会，成功的大门就会为你开启。

机遇就像早晨的阳光一样，在它升起时，它会把自己的光芒洒向大地的每个角落，照耀到每一个人身上，所以说机遇对于每一个人都是公平的。学会把握，懂得感恩，世界上成功的每一条道路都不会是平坦的，但也不是每一条道路都是崎岖的，就像遇到转角一样，如果不去探索转角之后的景象，你永远都不知转角之后是怎样的一条风光大道。所以要学会把握机会，不要让它从自己的手中溜走，这样才能把握自己的未来。反之，如果你抓不住机遇，它将会降临到别人的身上。

试问有谁能心甘情愿的一辈子默默无闻，有谁不想轰轰烈烈，只要自己心中有一个为之努力的一个目标，并且能够在信息的大潮中牢牢地抓住机遇，就能让自己一马当先地成功了三分之一。

天将降大任于斯人也，必先苦其心志，劳其筋骨，饿其体肤，空乏其身。一个人想要获得成功，就必须经过磨炼，具备了成功的素质，机会才会垂青自己。泰戈尔说过："如果你因失去了太阳而流泪，那么你也将失去群星。"当我们与机会擦身而过时，不要灰心，要反省自己，不断完善自己，积蓄力量，厚积薄发，在发现中创造下一个机会。

糖果效应：决策时，别被眼前的利益诱惑

美国斯坦福大学的心理学家瓦特·米加尔，曾做过一个非常著名的心理学实验——糖果实验。

瓦特·米加尔选取了斯坦福大学附属幼儿园的 4 岁孩子作为实验对象，他把孩子们集中在一个房间里，然后一边拿着糖果一边告诉他们："现在我要开始给大家发糖果了，每个人发一颗，发完我要出去一会，如果谁能等我回来再吃这枚糖果，就会再得到两颗糖果。"

糖果对于年仅 4 岁孩子的诱惑力可想而知，当瓦特·米加尔拿出糖果的时候，孩子们就露出了非常渴望的眼神，他们停下了自己的活动，眼神和注意力都被糖果吸引了，甚至有些孩子还做出了吐咽口水的动作。

接下来，瓦特·米加尔开始给孩子们发放糖果，每人一颗，发完后他离开了这个房间，留下孩子们拿着糖果独自呆在房间里。

面对"糖果"的诱惑，有些孩子一拿到糖果就迫不及待地拨开糖纸，把糖果塞进了自己的嘴巴；有些孩子陷入了"决策"困难，他们非常纠结，既想得到更多糖果，但看着其他孩子吃糖果的香甜样子又实在是无法抗拒美味糖果的诱惑，短暂的纠结过后，部分孩子选择了吃掉糖果；还有一些孩子尽管非常渴望吃掉糖果，但他们还是想尽办法让自己拒绝眼前糖果的诱惑，坚持到瓦特·米加尔回来；期间他们有的趴在桌

子上尝试入睡，希望能用睡觉熬过漫长的等待时间；有的借助自己喜欢的图画书转移注意力；有的低着头玩手指；有的则把糖果藏起来假装自己并没有糖果等。

20分钟后，瓦特·米加尔重新回到了这个房间，那些没吃掉糖果的孩子，如愿得到了两颗糖果。

瓦特·米加尔对参加这项实验的孩子们进行了长达14年的追踪和分析，实验结果发现：那些在决策时能够战胜眼前诱惑，坚持到最后才吃糖果的孩子，其适应能力很强，在困难和挫折面前不容易被打倒；在欲望横流的都市不容易被诱惑而走入歧途。这就是心理学领域非常有名的“糖果效应”。

在现实生活中，我们每个人都面临着无数次的决策：是辛苦学习还是开心玩耍？是兢兢业业奋斗还是随便混日子？是选择忙碌并充满挑战性的工作，还是选择单一重复而枯燥的工作……

一个人成长的过程实际上也是一个不断做出选择和决策的过程，尤其是人生关键时刻的决策。如高考、就业、婚姻等直接决定着一个人的人生走向。绝大部分人在做决策时，很容易被眼前一时的利益所诱惑，结果常常因此而“因小失大”“丢了西瓜捡芝麻”。

如果不提加薪，下次的升职肯定有我，升职了工资待遇自然会不一样，可谁知道什么时候才有升职机会呢，还是顾着眼前的加薪好；如果能把工资存起来理财，等本金足够多的时候，利息想怎么花就怎么花，但大部分人忍不了那么久，工资一发就忍不住会立刻花掉……如果我们在做决策时，能够克服摆在自己眼前的诱惑，从长远的发展来考虑问题，那么完全能像“糖果实验”中的孩子们一样，获得更多。

正如“股神”巴菲特在谈及自己的投资成功之道时所说：“我在初期投资阶段并不如意，但我面对蝇头小利从不动心，这种克制让我把‘雪球’滚得越来越大。”一个不能抗拒眼前短期诱惑的人，是很难获得成功的。不要因为“诱惑”就放纵自我，只有抵御诱惑才能让我们成为自身的主宰者，并最终实现目标和理想。

其实，人的一生当中会面对许多类似“糖果实验”的境况，站在人生的十字路口，是被眼前的诱惑俘虏，还是克制自己为长远的利益打算，这是一个事关成败的艰难抉择。而无法抵制诱惑，是人性的本能，学会克制才是人性的闪光和可贵之处。

蝇头小利背后通常暗含着看不见的危机，如果你想有所作为，那么在决策时就必须学会舍弃；舍弃小利是为了大踏步前进，暂时的放弃不仅是真正的勇气，更是睿智之举。

人生在世，每个人都会面对数不清的选择和决策。当你陷入茫然的时候，当你不知道怎样选择的时候，当你决策时踌躇不定的时候，不妨仔细想想“糖果效应”的道理——唯有克服小诱惑才能得到更多。

过度效应：少点想当然的猜测

在现实生活中，我们通常喜欢按照自我的意识去“想当然”。有的时候这种想当然是好的。比如，我们早上在等8点的第一班公交车时，我们想当然提前5分钟在这里等着，结果我们都会按时地乘坐上公交车。当我们在过马路的时候，只要是绿灯，我们就会想当然地放心通过，不会担心被行车撞到。这就是我们习惯中的想当然，这种想当然其实是基于大家都在遵守规则，但并不是所有的想当然都靠得住。

不要总是想当然地认为自己的所有想法都是正确的。其实所谓想当然，是指一些人在看待和思考某些事情的时候，主观意识认为事情理应像自己想的那样。如果你某天有很重要的事情，但是你依然想当然地认为只要和以前一样提前几分钟等公交车就可以了，也许你很可能会错过不准时的公交车。

很多刚进入企业的员工，也会由于长时间习惯了想当然，在领导安排下任务以后，虽然在过程中有些犹豫自己这样的做法，但是他依然不会选择去询问领导，习惯性地想当然还是让他继续做完了任务。但等待他的却是领导的批评。就是他习惯性地想当然，让他在新的环境中无法适应，最终等待他的可能是被淘汰。

如果不是想当然地去做事情，可能会面临更好的结果。所以，想当然的这种猜测千万要不得。不能多于想当然，无论在做什么事情的时候，都要有充分的思想和心理准备，要考虑到事情的方方面面可能造成的结果，避免自己想当然的猜测，才能意料之外的结果发生后，很好地面对和处理它。

在美国的阿拉斯加曾经发生过一件事情。一位年轻的妻子因为难产去世，留下了一个幼小的婴儿。而对于丈夫来说，无疑是非常大的压力，既要工作还要照顾孩子。于是他养了一条聪明的狗，经过训练后来照看孩子，帮他减轻了很多的压力。有一天，他出差需要第二天才能回来。可是当他第二天急匆匆赶回家的时候，却发现了地上的血迹，并且找遍了屋子也没有发现孩子的身影。这时候狗跑了过来，满嘴鲜血。他怒气冲冲地以为狗吃了孩子，完全丧失了理智，拿起刀砍下去，狗的头落了地。忽然，他隐隐约约听到了孩子的哭声，循着哭声，他在床底下找到了孩子。令他惊讶的是孩子没有受到一点点伤害，等他在后门发现狼的身影的时候，才恍然大悟。

原来他自己因为想当然地猜测误杀了忠心的狗。可想而知，他有多么的自责。

在现实生活中，我们经常也会习惯性地做出一些猜测，而这些猜测往往是因为我们一时的冲动，不了解或者是缺少思考而做出的。所以，在我们犯错以后，不要完全归结于自己的失误，只有正视自己的想当然猜测这一问题，才能去改正和完善缺点和疏漏之处，避免因为自己的想当然而频繁地造成不必要的失误。

如果你身上有以上的问题，那么你就真要停下来好好反思一下了。俗话说："亡羊补牢，犹未为晚。"想当然有时候是很难回避掉的，我们只能正视它。

那么当你停下来的时候如何去做呢？也许下面的故事能让你有所启发。

单位新调来了一位主管，刚上任，他就选择待在办公室，对外面的事情很少过问。过了四个月，那些经常爱捣乱的"破坏分子"终于按捺不住了，他们开始为所欲为，做着自己想做的一切事情，丝毫不把公司的规章制度放在眼里。但是就在此时主管出来了，他把所有的这些"破坏分子"都一一开除，重新分配了员工的岗位。大家都非常惊讶，后来主管才告诉他们："做什么事情都不要着急，也不能想当然地去猜测。如果我刚来部门就大刀阔斧地进行整顿，势必会埋没了一些能人，而让之前的'破坏分子'很好地隐藏在部门之中。我不想想当然地去做一些事情，不然我怕自己会后悔的。"

大家这才明白了新主管的厉害之处。

所以当你遇到一些事情的时候，千万不要想当然地凭猜测去做一些事情，一定要冷静下来，仔细地去分析，抛开自己想当然的猜测，最终做出果断而有效的决策。如果案例中的丈夫没有想当然地去杀狗，他也就不会犯下很严重的错误。

抛弃想当然的猜测，弄清楚事情的真相，会让你的生活更加顺心如意。

"布利丹"效应：要果断，别犹犹豫豫

你是一个犹豫不决的人吗？是否总是在做一个决定之前思前想后，

不敢果断地出击。

在现实生活中，我们可能会遇到这种类型的人：在面临选择的时候，他们很纠结，当他们迟疑地选择了以后，却又非常的后悔自己的选择。即使很小的事情也可能会左右他们的选择，让他们在选择中徘徊，在徘徊中选择。

比如，连续上了 10 天班的你，本来打算休息，但是却还惦记着没有完成的工作，你不知道如何取舍：你认为自己累了，应该休息调整一下，可内心依然被未完成的工作纠缠着。于是，在犹豫中，你恍恍惚惚地继续去上班，结果一天都没有完成一个任务，效率还极其低下。可谓是既没休息好，又没能正常的工作。

这样子的你，并不可能只经历上面这件事情。或许你在与朋友吵架之后，过了很多天，你决定主动与对方和好，可是你转念一想，不知道是否对方已经消气，于是你转身离去，放弃了和好的机会。结果，本来很小的一件事情，却让你失去了一个很好的朋友。

就是这样一次次的犹豫不决，一次次错过了生命的美好，这样的人有很多。年轻的时候喜欢一个女孩，但是不敢去表白，等到猴年马月的时候终于决定往前迈这一步的时候，却发现对方已不是单身了。当你面对两家公司提供的职位，你不知道去哪一家好，在你犹犹豫豫了几天以后，再去报道的时候，才发现，本该留给你的职位却早已安排给了别人。

种种不美好的结果，其实都是能避免的。而这些结果只因为你的犹豫。要知道机会不会等人，当你准备好的时候，就要勇敢地抓住它，而不是因为犹豫，一次次的错过。

一次次的错过，最终会让你的生命在过错中走完。犹豫不决的人永远找不到最好的答案，因为机遇会在犹豫的片刻消失。所以，我们必须抛掉犹豫不决的习惯，即使身处在逆境中，也必须果断地做出自己的选择。

美国前总统林肯就是一个非常果断的人。在他上任后不久，召开了一个会议。会议一共邀请了六位幕僚，在林肯提出了一个重要的法案之后，六位幕僚各有各的看法，他们纷纷提出了自己的意见。林肯在仔细听完他们的意见之后，仍然感到这个法案是没有问题。在最后决策的时候，林肯果断地通过了这个法案。最终，这个法案也没有让大家失望。

在企业中，会经常遇到这种情况：新的想法和意见一经提出，必会有反对的人。这些反对的人可能对新意见不太了解，也有可能有一部分从众的人。作为领导面对这样的困境，也不要被他人所动摇。最重要的是你的提议和决策是对的，毕竟真理掌握在少数人的手中，这时，你就要果断地做出决策。

所以我们要努力提升自己当机立断的能力，那么如何才能避免犹豫呢？下面有三种方法，能让你在面对选择时更加果断。

第一点，不要贪心，懂得取舍。很多时候，我们总是舍不得这个，舍不得那个，最终我们哪一个也得不到。俗话说：鱼与熊掌不可兼得，当你越想精明的时候，反而会失去更多的东西；所以要懂得舍小取大。当面对不同的选择，还要学会权衡利弊，然后果断地做出决策。

第二点，不要想太多。有些事情不是直接就能看出好坏的，需要在决策过程中不断地去分析，不断地去改进，然后达到最好的效果。当初马云创建阿里巴巴，也没有想过会有今天的辉煌。所以，对于一些决策，要果断地去做。在过程中懂得，并加以取舍，改进，这样才不会让你错过很多机遇。

第三点，相信你的直觉。也许你遇到过模棱两可的事情，分不清主次。这时候你要相信自己的直觉，果断地去做。因为直觉并不是虚的东西，直觉的产生与我们长期的经验和性格是密不可分的。而有时候直觉也会给我们带来意想不到的效果。

花谢了有再开的时候，春去了有再来的时候，但是机遇错过就错过了。从现在开始，不要再让犹豫不决困扰你了。当你面对选择的时候，请果断地做出自己的决策，并把握住机会；只有把握住机会才会离成功越来越近，生活也会因你的果断而变得更加美好。

福克兰定律：要做有效的决策

当你面对困难的时候，决策还是不决策都是一个问题。法国管理学家福克兰说过这样一句话："没有必要做出决定的时候，就有必要不做决定"。人们将这句话称之为福克兰定律。简单地说，就是我们不知道如何行动的时候，最好的行动就是不采取任何行动。

在日常生活中，我们也会经常做出各种各样的决策：大到对自己人生的规划，小到今天中午的午饭去哪一家餐厅吃。决策对于我们的人生价值观和社会价值观的实现有着很大的作用，所以在面临选择的时候，我们每个人会做出不同的决策。正确的决策有时候能够改变一个人一生的命运，我们只有做出有效的决策，才能保证自己生活变得更加美好。

但是如果盲目地做出决策，这个决策很可能不是有效的，还会对你或者他人造成不必要的伤害。在当今这个飞速发展的社会，企业的管理者在激烈的市场竞争中，会面对不同的机会，而这些机会是非常有限的，这就需要管理者做出大量的选择。只有有效的决策，才能带领企业一步步走向成功。

而有时候，决策是根本无法立刻做出的。因为在这些机遇的背后，隐藏着无数的陷阱，一旦跳进去，等待的必然是失败的结果。这时候，管理者需要做的就是冷静，而不去盲目地决策；只有冷静下来，才可能跳过决策背后的陷阱。

世界著名的领带生产商金利来，在公司刚刚成立三年以后，就面临着世界经济的整体下滑。香港的各大生产商纷纷受到巨大的压力，于是大家立刻跟风地采取了降低价格出售领带的措施，这一措施让香港的经济更是雪上加霜，每个公司的消费者也都以很快的速度流失着。

这时候，金利来也面对着同样的问题。但是金利来在舆论的压力下，并没有丧失理智，而是在认真分析和选择后，才最终做出了决策。他们没有像其他公司一样降低价格来保持市场的占有率，而是最终选择保持原有的价格，维护自己的高端品牌，结果金利来的选择是对的。在经济危机过后，人们的购买力回升，金利来成为了需求者口中争相传递的品牌象征。

由此可见，一个有效的决策是多么的重要。那么作为一个管理者，首先要明白的就是决策的不盲目性。所谓不盲目就是一个管理者在面对困难的时候，要先考虑这个决策是不是非做不可。我们很多情况下，都弄不清楚自己的现状，一旦出了问题，就急于作出决策去改变现状。其实有的时候，不作任何新的决策，可能正是最好的决策。任何一项新的决策必然会面临着或多或少的危险，如果我们没有对其进行充分的调查和了解，最好的办法就是不要贸然前进。现在的不决策只是暂时的缓兵之计，而这个缓兵之计远远比盲目决策要好得多。

其次就是管理者也要清楚地明白，机遇对于每一个企业是可遇而不可求的。解决问题的最好时机只有一个，决策对了，错过了时机，也是非常可惜的。所以千万不能将这种缓兵之计次次用之。如果你每每遇到决策的时候，就推迟它，那么最后在你规避了风险的同时，机遇也就不再会光顾你了。所以当你必须做出决策的时候，要敢于在众多的备选方案中选择最优的那一个。最优的那一个通常需要面临决策的时候，你要通过敏锐的洞察力，审时度势之后，做出相应的决策。

这样的决策才会有效，也才能帮助你获得成功。

决策是一门技术。在决策的时候，只有遵循正确的决策原则和决策方法，才能做出有效的决策。而任何决策都要求我们不能盲目，要做到因时制宜、因地制宜、因事制宜、因人制宜。如果决策的基础不是对事实充分的认识和理性的分析，而是盲目的、感性的、犹豫的，必然会导致决策失败。所以管理者要学会做一个聪明的人，避免决策的不盲目性，实施决策也要果断。在对眼前的机会和决策的可行性进行分析、排除风险过高或者过低的选择之后，从而将最有效的选择留下来，然后去实施。这样做出的有效决策，才会事半功倍。

霍布森法则：决策就是要有取有舍

我们每天都做着同一件事，对于职位高的人来说是决策，对于职位低的人就是选择。其实本质意义上都是对一件事情做出不同的决策。决策的方案有很多种，但最终决策的好坏取决于我们如何取舍。

取舍对了，才能使得利益最大化。经济学中这样说，一件事情的输赢和得失，关键在于决策人有没有在决策的时候取舍对。意大利著名男高音帕瓦罗蒂在很小的时候，父亲就教他学习唱歌。那时候的他有非常多的兴趣和爱好，既想当科学家，又想当工程师和歌唱家。最终父亲告诉他只能选择一个。在深思熟虑后，他选择了唱歌，经过三个七年的努力后，他终于成为了歌唱家。正是他舍去了其他的兴趣，把所有精力放在了唱歌上面，才最终获得了成功。

人们经常说在做事情的时候，必须有取有舍。越王勾践十年卧薪尝胆，舍去了十年的尊严和自由，却在这十年中积蓄力量，最终灭吴复越，他的舍让他得到了更多。所以我们只有懂得取舍，才能得到更多我们想要得到的东西。

在当今社会，充满危机和风险的企业更是如此，他们不惜舍去巨额的资产去搞投资、去搞未来的建设。正因为他们舍得，才能得到更多。他们在做重大决策的时候，通常会考虑多方面的因素，在最终决策的时候，会慎之又慎，然后在比较之下，舍去一些东西。

正所谓鱼与熊掌不可兼得。舍得，舍得，就是要先舍后得。但是取舍之时，一定要考虑孰轻孰重。天下没有免费的午餐，一些赌博的人舍掉了勤奋，只想着徒手牵羊，最终他们面临的却是家破人亡。那么为什么他们同样舍弃了，但是得到的却是很坏的结果呢？

因为在取舍之间，还需要考虑的就是道德。值得注意的是，在决策中，我们要学会判断自己的行为是否合法，是否符合道德的规范。用更简单的话来说，就是符合我们利益最大化的行为，不一定合乎道德；而符合道德的，不一定符合我们的利益。

一个决策的行动，在于其背后价值的取舍。而取舍也不是盲目的，是在考虑最大化利益的同时也要符合道德的约束。一位公司的管理者，在公司建立初期，公司生产的产品供不应求。而此时需求量在成倍地增长，企业面临着瓶颈期，有两个方案可以选择：第一个就是压榨工人的劳动力，让他们继续加班加点完成任务。而第二个就是花两倍的价钱外包出去额外的生产任务。最终管理者选择了后者，放弃了经济利益的最大化，让员工享受了他们应有的休息时间。

而此时，他们的竞争者选择了第一种方案，员工加班加点来满足客户的需求，结果由于员工的劳累，最终出现了一大批生产不合格的产品，该公司也最终走向了落魄。这就是决策不同而产生的巨大差异性。

除了在决策中取舍的时候，我们不仅要考虑道德，而且还要考虑取舍的方式。守株待兔的农夫，他知道之前有兔子撞树死了以后，他选择在树底下等待死兔子，可是结果却是差强人意的。在这里农夫的决策与道德是没有关系的，而真正让他失败的是取舍的方式。农夫知道自己想要什么，而他“取”的方式却是错误的。所以在取舍时方法是非常重要的。当我们决策好做哪一件事情的时候，接下来要做的就是进行下一步决策，用什么方法，然后如何去做这件事情。

当我们决策好一件事情的时候，千万不要纠结。其实，当你最终做出决策的那一瞬间，你已经完成了心里的取舍，不论是感情上还是物质上的。这些你舍弃的东西，在别人看来似乎非常的重要，但对于现在的你，已经没有了价值，不要留恋，等待你的是更加美好的东西。

总之，做一个会决策的人，首先要懂得取舍，知道自己内心真正想要的是什么。但这些取舍必须符合“道德”，其次就是取舍的方法一定要正确。最后当你取舍好以后，果断一点，不要纠结。上面的这些道理，说起来很容易，做起来却很难。也只有那些习惯于从大处着手的人，才能手起刀落，勇敢地舍弃，很好地做出了正确决策，并获得成功。

木桶理论：弄清自己的长处和短处

一个人，如果能正确地认识自己的长处和短处，就会得到进步。一个民族，如果能正确地对待自己的长处和短处，那它一定充满活力。一个国家，如果能正确地处理它的长处和短处，那这个国家势必会成为强国。

在现实生活中，我们很难遇到十全十美的人。俗话说：人非圣贤孰能无过。包括我们自己也是一样，所以我们要清楚地明白自己的优缺点，做到认识自己。也只有正确地认识自己，才能有所进步。

扬长避短，通过弥补自身的不足，从而不断地提升自己。国际著名数学大师陈省身当初选择了数学，他给了一个很简单的理由：数学是自己的强项，而别的学科对于自己来说非常的困难。他的选择非常明智，选择了自己的长处，避免了自己的短处。著名画家黄永玉也是如此，正确地认清了自己的长处和短处，最终获得了成功。其实我们在做出选择的时候，就要在自身的长处上发挥，而在短处上加以弥补。

伟大的物理学家霍金，被称之为轮椅上的巨人。他虽然没有正常人健全的肢体，但是他却拥有发达的大脑，他用自己的大脑成就了21世纪科学史上的神话。他没有因为自己的短处而感到怨恨和羞愧，反而将自身的长处发挥到了极致，绽放出人生的光彩。林肯在成为美国总统后，发生了美国内战——南北战争。林肯刚开始按照自己认为的"完人"标准选用了三四位将领，这些将领被要求没有缺点，但出乎意料的是，这些"无缺点"的将领都被对方打败了。

后来，林肯吸取了教训，撤下这些看似"完美的"将领。反其道而行之，选用了格兰特作为总司令。在听到这个消息以后，大家纷纷进言道："格兰特嗜酒，恐怕难以担当这个职位。"但是林肯深思熟虑以后还是坚持了自己的选择。他内心清楚地知道，虽然格兰特嗜酒，但是他却有着超高的军事才能，是别人无法比拟的。后来事实证明了林肯的选择是对的。

人各有所长，各有所短，林肯的做法值得我们学习。在这个世界上，每个人都有短处和长处。有的人虽然胖但是他力气很大；有的人虽然看不见但是他能听到别人听不到的东西；有的人虽然肢体不健全，但是他的大脑却比一般人发达得多。所以我们要学会去充分利用自己的长处，来激发出自身的潜力，在一个领域获得成功。

但是短处是需要我们更加关注的。一个木桶无论有多高，它盛水的高度还是取决于最低的那块木板。当我们面对自身的短处时，也不能完全把所有的精力都放在长处上面，在我们能力可及的范围之内，要学会去查漏补缺。

创办《疯狂英语》的李阳就是一个非常典型的例子。他并非是一个英语天才，相反，在他考入兰州大学后，连续两个学期英语都不及格，等到第二个学期即将结束的时候，李阳已有13门课程不及格。在充分认识到自己的短处时，李阳选择了弥补自己的短处。他用4个月的时间，不论刮风下雨，都坚持学习英语。在长期努力之下，他对英语不再恐惧，并在之后的考试之中，成为了全校第二名。

由此能看出，短处并不会一辈子成为短处，长处也并不会成为唯一。

如何认识自己的长处和短处就显得尤为重要了。对于企业也是一样，企业的效益好比桶里的水，只有长板比别人长，短板不断加高，才能创造出最大的经济效益。也就是说，一个优秀的企业势必会发挥出自己应有的优势，在优势上取得胜利的同时，也要深刻检讨自身的不足，并加以弥补。只有长处和短处共同进步，才能达到最大的效益。

所以，只有认清自己的长处和短处，才能充分发挥自己的优势和特长，在人生的舞台上绽放出自己独特的光彩，走向属于自己的成功。

沉锚效应：做决策时，一定要清醒

决策也就是需要我们在两个或者两个以上的方案中做出选择。决策不仅仅是管理者的重要职责之一，对于绝大多数人，都会在不同情境下做出决策。决策无时无刻不在我们的身边发生，所以决策是非常重要的，尤其在做出决策的时候不能头脑发热，否则可能会因为冲动导致最后决策的失败。

有这样一个案例，一个又穷又笨的人，忽然某天无意间买了彩票中了奖，仅一夜之间便富了起来。但是当他拿到钱的时候，却不知道该做些什么，他很渴望智慧。于是他找到了一位有智慧的学者，把他的痛苦和疑惑告诉了学者。学者告诉他一个方法："当你以后在遇到事情需要决策的时候，千万不要着急，要先往前走七步，再往后退七步，这样进退三次，你便能做出一个有智慧的决策。”他将信将疑地朝着回家的路走去。

等他回到家里，已经是半夜了，开门进到卧室却发现妻子的旁边多了一个人。他立刻火冒三丈，转身去到厨房拿了一把菜刀，正准备下手的时候。忽然想起白天学者跟自己说的话，于是他犹犹豫豫地往前走了七步，往后退了七步。当他第二次重复动作的时候，才清楚地看到那个人是长头发，等他打开灯，才发现那个人竟是自己的妈妈。后来他才知道，那天妈妈正好从老家赶来看望妻子。

他打了一个寒颤，心里万分庆幸自己听了学者的忠告，否则等待他的将是一辈子的悔恨。

所以，当一个人处在头脑发热或者不冷静的情景下，做出的决策通常不是最优的那一个。有心理学家也进行过测算，一个人在愤怒的时候，智商是最低的。如果这时候急于作出决策，就会忽视最基本的判断，更别说再进一步核实了。这个时候作出的决定，90% 以上都是错误的。错误的决策，有可能会酿成终身悔恨的大错。如果能再冷静一下，让自己处在一个正常的状态下，再作出决定，结果可能会截然不同。

所以，在遇到事情的时候，千万不能着急，头脑也不能发热。如果不经过思考就急于决策，结果会事与愿违。即使手上的事情非常迫切需要解决，也要在头脑清醒的状态下，细细分析然后选择最优的方法，这样就能达到预期的效果。

在这个快速发展的社会里，我们渴望自己变得更强，比别人更快。处在压力之下的我们，在遇到事情的时候，迫切希望自己更快地做出决策。这种想法本身并没有错，有时也会对我们产生推动力。但是如果我们盲目地急于求成，势必会造成相反的效果，产生出巨大的破坏力。而且一个人在遇到事情的时候，一旦事情非常棘手或者眼前的所见让自己内心产生巨大波动，这时候很容易头脑发热，快速决策带来的很可能是坏的结果。

尤其作为一个企业的领导者，在做出决策规划的时候，更加要头脑清醒，三思而后行；尽量使得决策不失误，保持头脑清醒，把握好这个度，是一优秀的领导者要具备的能力。

有一位25岁的年轻人，他开办了一个手机零配件制造厂。小小年纪的他就当上了CEO，并且公司在刚起步的两年也顺风顺水，钱也是源源不断地进到了公司里。就在这时候，朋友拉他去见了另外一位老总，说是帮他介绍一单大生意。聊天是在饭桌上进行的，平时他本来酒量就不太好，却被这位老总左一杯右一杯地敬酒；晕晕乎乎中，他被告知，有一单大生意要交给他，有一大批零件需要在2个月内完成交工。按照正常的工作程序，这批零件完成最少都在6个月以上。见他犹豫，这位老总起身就要走，称要去找别人来做。结果带着醉意的他立刻接下了这单生意，还在合同上签了字。

第二天清醒以后，他才看到手里的合同和巨额的违约金，他心里清楚地知道这是一个无法完成的任务，他也才明白那位老总其实就是来骗违约金的。最终因为他的一个不清醒决策，公司倒闭了。

可见，清醒中做出决策是多么的重要。冷静决策是最简单的领导智慧。成功的管理者大都能把握好自己的心态，让自己在清醒中做出决策。所以，千万不要在不清醒的时候，作出任何决策，否则会让你后悔不已。

麦克莱兰定律：集思广益做决策

“你有一个苹果，我有一个苹果，那么你我仍各自有一个苹果；

而如果你有一种思想，我有一种思想，我们又彼此交流思想，那么我们每个人将各有两种思想。”这句话是爱尔兰剧作家萧伯纳曾经说过的。这句至理名言明确指出了集思广益的重要性。所谓的集思广益，就是指敞开胸怀，博采众议，接纳别人的想法，同时也贡献自己的想法。

我们每一个人都是与众不同的，就像世界上没有两片相同的叶子一样，这就决定了我们拥有的想法是有差异性的。在我们的工作中、在与别人讨论的过程中，就是思想的碰撞；只有在交流中，我们的思想才会擦出璀璨的火花，我们的思想才会进一步的完善，让自己离成功更进一步。

中国有一家国有企业叫做邯钢动力厂。自从2003年开始，公司领导就决定实施民主管理，每个月都定时召开一次职工代表民主管理对话会。每个月都在解决问题，长期下来问题就这样被一一解决。而这样的方式让员工深切地感受到了好处。公司大部分决策也都是由员工代表共同做出的，俗话说得好，三个臭皮匠顶一个诸葛亮。大家每做一个决策的时候都是从一百种方案中选一种最优的，最后的决策也达到了非常好的效果。

就是这样集思广益做出的决策，让邯钢动力厂最终在大家共同的努力之下，得到了长足的发展。其实邯钢动力厂最大的优势不是产品，也不是技术，而是解决问题的最优方案。邯钢动力厂的管理者在不同程度上让员工参与到了决策中，不仅能增加解决方案的多样性，而且让员工增强了自己的责任心，对执行决策的帮助是非常大的。所以，一个企业的成功不仅仅是一两个人所决定的，需要的是大家共同的努力贡献出自己的想法，最终用最有效的决策去达到目的。

而对于那些自以为是的天才，凭着自己的努力或许也会成就自己，但是在自己的前进的道路上，如果懂得一人计短二人计长的重要性，肯定会取得更大的成就。每一个人就像一本书，也许一本书里的知识不能帮助自己解决遇到的困难，如果是多本书放在一起，从中找出解决办法的几率是很大的，创造的成功也是自己意想不到的。

管理者要善于发现每一个人的长处，激发集体里每一个人的智慧，让每一个员工对自己所在的集体有一种归属感，集思广益，各显其能，充分发挥他们在集体中创造性的作用，才会让企业在这发展迅速的时代中脱颖而出。

宝洁是美国第一大家庭日用品的生产商，“注重人才，以人为本”是宝洁公司的经营理念，并把人才视为最宝贵的财富。宝洁是历史上最早建立利润分享制度的公司，使员工成为公司经营者的一员，让他们能够尽心尽力地为公司奉献自己的一份力量。此外，他们在平常的经营中也非常重视员工的意见，因为员工是接触顾客的第一个人，他们能够最直接地了解顾客的感受，了解顾客对公司的满意程度，所以他们能够反馈给公司不同的观点和建议。同时，他们也积极地创造一种集思广益的氛围，让员工能够积极地发表自己的建议，管理者尊重员工，对于做出贡献的员工，就会给他们一个平台去展示自己的才能。最优秀的人加上适合的发展空间，以及开明的工作环境是保洁公司成功的基础。

这个案例同样也说明了一个道理：一个企业要想在社会中生存和发展，不仅仅是靠着领导的管理，更多的是集思广益，听取多方面的建议，做出正确的结论，进而使企业发展壮大。

在企业中，员工是需要鼓励的，鼓励可以是精神上的，也可以是物质上的。员工要找到一家适合自己发展的企业，最主要的是看这个企业的经营理念，如果员工觉得自己所在的公司让自己有一种归属感，那么企业也会拥有真正属于自己的员工。如果员工总是进进出出，其实损失的永远是企业。员工队伍的稳定是企业效益稳定的一块奠基石，所以，请勇敢地让员工加入决策的队伍，让集思广益之后的决策，发挥出更大的威力。

奥卡姆剃刀定律：学会剔除一切干扰

在当今快节奏的社会里，我们很难不受外界的干扰，静下来云做自己的事情。当我们本打算静下来看一下午书的时候，通常会因为一通电话而中断。当我们打算出去旅游时，通常会因为领导安排我们加班而不得不放弃。当我们打算做出一个选择时，通常会因为外界传来不一样的声音而犹豫。所以，当我们无法剔除干扰的时候，我们做事情的效率是非常低的。

几位学生以“集市里有很多新奇的东西”为理由鼓励苏格拉底去集市看一看。第二天，当学生们满怀希望地询问苏格拉底的时候，得到的却是意外的回答。苏格拉底淡然地说到：“此行我最大的收获，就是发现这个世界上原来有那么多我并不需要的东西。”不难看出学生们非常喜欢外面的“花花世界”，而对于苏格拉底来说，他迫切需要的是一个宁静的世界。而正因为苏格拉底排除了一切干扰，才造就了后来的辉煌。

不为外物所动的宁静、虚空是一种境界。在这种境界里，我们才能真正静下心来去做一些事情。对于外面的那些干扰，很容易让我们迷失自己，困惑其中。尼克是最让人敬佩的澳洲超人，他生下来四肢就不健全，没有手，没有脚。在面对正常人对他的嘲讽和家人对他的失望时，他依然凭借着自己的信心，游历了20多个国家。正是他排除了外界对他的干扰，才勇敢地走出了自己的一条道路。

其实不为外物所动，真的很难做到。而能做到的，最后都能获得意想不到的成功。毛泽东在上学期间，把大部分精力都放在了自己喜欢的课程上面，上课的时候不管别的学生是否在偷偷玩耍或者睡觉，他总是很认真地做笔记，把自己认为有用的东西详细地记录下来。而且他经常会去最喧闹的集市去看书，不顾集市的喧闹，保持着自己内心的宁静。这种坚强的毅力，让他抵制住了外界的一切干扰，最终成为了一代伟人。

而对于我们大多数人，在工作或者学习的时候，通常会有很多的杂念和干扰，正是这些杂念和干扰阻碍了我们前进的道路。

那么这些干扰的根源在哪里呢？我们应该如何剔除这些干扰呢？

其实，对于一般人来说，在做事情或者考虑问题的时候，注意力不可能是绝对集中的，大脑中总会跳出一些念头来打断正在做的事情。就好比，一个学生在做作业的时候，旁人的几句言语或者脑海中浮现的游戏画面，这些都是干扰的来源。赛场上的运动员，也有可能因为群众的呐喊而走神。造成这个问题的根源就是“一心二用”。在我们做事情的时候，如果没有全身心地投入，一心二用，势必会极大地影响结果。所以，干扰的来源首先就是我们自身的原因——一心二用。

其次，干扰的来源很大一部分来自于外界。当你正在全神贯注地画画时，可能由于别人的一通电话，使你的灵感丧失，而毁掉一幅作品。在你钓鱼的时候，可能远方朋友的呼唤让你前功尽弃。这些干扰的来源都是你来不及避免的，也是无法预知的。

那么如何去有效地剔除这些干扰呢？

首先我们要做的就是不能一心二用。尤其当你是一个人的时候，要全身心地去投入做一件事情，千万不要去想这个，做那个。当你分心的时候，很多本应该完成的事情却没有完成。要时刻将注意力放在重要的事情上，而面对内心产生的一切干扰，你要勇敢地提醒自己：将注意力高度集中，忘掉那些干扰。当你长期这样坚持下去时，就会养成好的习惯。当你再次遇到干扰的时候，就无所畏惧了。

而面对那些来自外界所无法预知的干扰时，我们要做的就是事先给自己提供一个良好的外部环境，尽可能地避免干扰的发生。当你选择读书的时候，先处理掉琐事，然后找一个僻静的地方，关掉通讯设备，开始你的读书时光。所以避免外界干扰最好的办法，就是给自己寻找最适合的环境。

只有学会剔除一切外界干扰，做好每一件事情，不为外物所累，生活才会更加恬淡自在。

第十章

人生快乐丸：从今天起轻松起来

“人生得意须尽欢”，正如大诗人李白所说，人生短暂，要尽享欢愉。可是繁重的工作、内心的压力、世俗的纷扰，究竟怎样才能让自己轻松起来呢？

空白效应：让忙碌少一点

忙碌或许是一个人努力的代名词，但不是所有的忙碌终有回报。也就是说，在忙碌的同时，我们也可能错失了很多重要的事情，对于这些事情而言，有可能比我们忙碌的事情更加重要。而我们通常被过多的忙碌遮蔽了双眼，以至于让忙碌成为了盲碌。

你或许会发现，你的时间被所有的工作都占有了。你忙的没有时间陪家人，没有时间停下来思考问题。你总是自顾自地以为行动就是生活，你只有不断地去工作赚钱，生活才会变得越来越好。相反，其实你会发现自己越来越忙，但是最终生活的美好却离你远去了。这就好比你坐在出租车上，只是一味地告诉司机开车，越快越好。但是司机问你去哪里的时候，你只是催促道："只要拼命开，不在乎开到哪里。"这就是过多的忙碌迷失了你的方向，你发现无论怎么努力都达不到自己理想中的生活。其实，有的时候并不是生活不美好，只是你没有停下来认真去看一看。如果你舍得留一点时间给自己，你会发现生活要比你想象中的更加容易。

比如，少一点忙碌，把时间留给自己。你有多久没有停下脚步去看看窗外的风景？你又有多久没有挤出时间去陪陪家人？忙碌或许会给你带来一时的充实，但是却难以替代家人和风景带给你的欢乐。有的人正是如此，从二十多岁便开始工作，每天忙忙碌碌，丝毫不敢怠慢。一直到六十岁，每天睁开眼便是工作，职位也正如他所愿，从小小的员工升到了经理，最终爬上了董事长的职位。口袋中的钱也从一张张的钞票变成了一张张的卡和支票。这时候忙碌了一辈子的他，却想静下来体会一下生活中的美好；可是因为年龄的问题，他发现很多事情都已经力不从心，剩下的只有躺在冰冷的病床上孤独终老。这是一件多么悲凉的事情。如果，人生能重来，他还会这样拼了命地工作吗？

答案是可想而知的：不会。除了要留给自己时间去享受生活，也要留一些时间去思考。我们常常说自己太忙，然而在不停地忙碌中竟忘记了一天天忙碌的理由。很多人把忙碌当作是一种机械的、无意义的体力活，无休止的在不停地重复着。这就好比像驴拉磨一样，虽然忙碌但是回头看时，发现自己依然停在原地打转。

卢瑟福是英国伟大的物理学家，他的每一个学生都非常努力。一天夜里，他看到实验室还亮着灯，低下头看了看时间，发现已经很晚了。他走了进去，才发现是自己的一个学生，仍然趴在桌子那里研究着什么。卢瑟福问这个学生："这么晚了，你还在干什么？"学生回答："我在做一个实验。"卢瑟福询问了半天才发现这个学生从早上开始一直到刚才都在做着实验。这个学生本以为能得到卢瑟福的称赞，可是没有想到卢瑟福反问他："那你什么时候思考呢？"看着卢瑟福紧皱着眉头，学生这才明白，动手实践对于科学研究固然重要，但是如果一味地忙碌，而没有留给自己思考的时间，结果往往会适得其反。

所以，忙碌不是借口，再忙也要留出思考的时间。有时候，一个小时的思考也比一个月的忙碌要强。只有思考才能帮助我们从有效走向高效。有句话说得好——我思故我在。一个人只有不断地思考，才会前进的更快。

我们在忙碌中忘了让自己走得脚踏实地一些，我们也忘了有时候过程可能比结果更重要，尽管大家最终看重的是结果。我们的遗忘只是让我们一味地一直忙碌，一直忙碌，而根本没有时间去想自己的初衷。这样，我们会很容易迷失自己，忘记自己来时的路和方向。

忙碌，其实并不能代表一切，一切也并不能都通过忙碌来实现。

在这个飞速发展的时代里，忙碌是一件再轻易不过就能达到的状态。而这种状态却不一定是好的，一味地投身于工作中，看似高效的利用了生命，实际上这是对生命内涵的错误理解。相比忙碌更奢侈的就是“清闲”，这里的“清闲”是指留一点时间给自己，让忙碌少一点。这是一种很好的生活态度，让忙碌少一点，让生活更好一点。

异性效应：男女搭配，干活不累

在这个世界上，最奇妙的两种高级生物便是男人和女人了。在现实生活中，有的事情通常需要男性完成，而有的事情则需要女性去完成。但除了独立完成外，最高效的莫过于男女之间的搭配了。俗话说得好：“男女搭配干活不累。”虽然这只是简简单单的八个字，但揭示出一个神奇的效应：异性效应。

所谓异性效应，就是在男性和女性之间，存在着某种积极的关系。而这种关系正是男女之间相互接触而产生的一种特殊的吸引力和激发力。而上面所说的男女搭配，干活不累，正是对这一效应很好的证实。

为什么这么说呢？其实仔细想一想，男女之间就像物理学中的磁场一样会产生同极相斥、异极相吸的作用那样。如果在只有男性或者女性工作的环境里，无论条件多么优越，工作多么轻松，时间一长，人就自然而然地会感觉到疲劳。而只有当男性和女性在一起共事的时候，即使工作无聊，也能大大提高工作效率。

这并不是凭空想象出来的，而是有科学根据的。

许强是一位非常优秀的设计师，在刚进入公司时就被分配到了一个环境很好的办公室，但是唯一的缺点就是这个办公室里所有的同事都是男性。但是他依然坚持长时间待在办公室里，而且经常能产生出新的灵感。可是随着时间一长，他心里忽然莫名地产生出一种无聊和寂寞的感觉，灵感也仿佛消失了一样，他对工作没有了一点激情。可是就在一段时间以后，办公室忽然来了两名刚刚毕业实习的女大学生，于是奇迹般的，许强又有了工作的热情，创作出许多好的方案。有时候与这两位女大学生交谈时，还会产生一种欣喜感和兴奋感。

类似这样的事情绝不仅仅就这一个。很多时候，我们都会发现异性合作的工作效率要远远高于同性合作。这之中的奥妙就在于，当与异性合作的时候，男性更多的时候会有一种潜意识——“更加努力去表现自己”，从而达到取悦对方的目的。正是男性的这种潜意识会大大增强他们的表现欲，让他们变得更加有活力。这时候，如果他们的表现得到对方的认可，他们会更加开心，也感觉不到疲惫。而对于女性而言，女性的表现欲或许没有男性的强，但是她们的内心是极度希望得到男性的认可和关注的。如果男性关注或者夸赞她们，同样她们内心也会感到愉悦，也更加努力地去完成工作。

周勤由于表现良好，应聘到了一家贸易公司，成为了全公司唯一的一位女职员，还被特意安排了一个公关部经理的位置上。虽然是刚进入公司，在公司原料奇缺的时候，公关部有经验的男员工几经周折，也没有解决问题。最后只有周勤亲自出马，令大家惊讶的是，没多长时间，事情就得到了妥善的解决。而且还有一次，公司在资金周转问题上出现了问题，贷款迫在眉睫，可是老板却与银行谈不下来贷款的问题，周勤出面后，为公司争取到了上百万的贷款，解决了资金周转的问题。或许很多人都认为是她的能力非常的突出，可是对于一个刚刚进入公司的职员，还谈不上经验之谈。其实大家忽略的一点就是异性效应。

在现实生活中，这样的异性效应我们也能在买卖商品中见到。如果女性营业员在接待男性和女性顾客的时候，通常接待男性顾客更加热情一些，并且异性之间谈判的成功率也会比同性之间更高一些。

但是男女之间搭配也是有前提的，在搭配过程中也要受到某些因素制约的。首先在搭配过程中，要合理进行男女的分配，要将具有不同资源的异性合理地组合在一起。其次就是在搭配过程中，要保持身体之间的距离，不能过于亲密而违背了初衷，切记不要掺杂过多的男女之情。最后在完成任务时，也要分清男女之间的主次，由一方占主导地位来更好地进行任务的决策。

所以说，男女搭配，干活不累是很有道理的。如果很好地将这种异性效应运用在我们的生活中，不仅能提高工作效率，而且也能相互促进，共同进步。

羊群效应：不盲目跟风

在现实生活中，我们的思想和行为常常会受到他们的影响。即使有的时候我们的观点是对的，但是一旦大多数人选择了另一个观点，我们也会毫不犹豫地放弃自己的观点去跟随他人。只因为大家都那样去做，自己迫于压力也选择了从众。这就是社会中很普遍的一种现象——盲目从众。

从众效应通俗的来说就是随风倒，风往哪边吹，我们也倒向哪一边。跟风是一种行为，这阵风可能是大部分人所依赖的，是他们口中的潮流。而对于我们自己来说，是否要随风而去，真的需要我们慎重考虑，一旦选择错误，势必会影响我们自己本身的意志与思想。

跟风有时候会让我们不用去思考，就能获得一些利益。但切记，一定不要盲目跟风，要选择优良之风，否则我们慢慢将会丧失思考的能力，而被风腐化。

有这么一件非常有趣的事情。一位年轻人和几个朋友晚上一起出去吃饭，酒足饭饱以后，他们选择在广场上散步，其中一个人喝多了，借着酒精的作用，抬头望着天空，一句话也不说。同行的人都跟上他一样抬着头望向天空，不一会，只见路上的行人纷纷抬起了头望着天空。这时候，这位第一个抬头的人摇摇晃晃地喊道："你们看啥呢？"大家这才低下头，漠然地相互看了几眼，尴尬地继续前行。

这就是盲目跟风的影响。大家都不去思考这件事情的对与错，只是一味地看到别人这样做，自己也就跟着做。可是大家都不知道其实第一个这样做的人也是胡乱选择的。本来一个人成为的笑话，结果一群人都成为了笑话。

事实证明，盲目从众是不可取的。上帝赋予我们每个人不同的生命。那么对于我们每个人的思想也是不相同的，各有各的精彩。如果你盲目地跟随别人的思想前行，上帝可能会惩罚你。

请你不要再咬着牙跟别人争相买苹果手机，不要再被路边卖的小玩具而吸引，许多人都去做的事情未必适合你。当年盐能防辐射的谣言来临时，大家没有任何思考，争相去买。有一位男子买了整整一万三千斤，当官方出来辟谣的时候，该名男子一脸后悔。

有句话这样说："你看到的不一定是正确的。"有时候你看到的这种表面现象也许只是一个诱惑，诱导你跳向深渊。不要迷恋表面现象，当大家都去做的时候，我们自己要学会深入分析，理性思考，就能在千万人之中做出适合自己正确的抉择。

在企业管理中也是这样。一位领导临时通知大家，决定第二天出一套试卷来测试一下大家的专业知识，优秀的人将会获得晋升的资格。大家脸上都露出不开心的样子，因为对于他们来说，他们更多的是懂得动手实践操作，而对于那些书本上的概念却早已经忘得差不多了，并且第二天就要考试，现在看书晚上连约会和玩手机的时间也没有了。于是大家纷纷相互抱怨，默默地达成裸考协议。第二天，大家领到了试卷，但是这位领导在发了试卷以后便离开了。大家坐在没有摄像头的会议室里，心情放松了许多。这时候，一个人拿出了手机百度起了答案。慢慢的，一个两个三个，大家纷纷看到周围的人拿出了手机，自己也就随大流做起了弊，生怕由于分数比别人低而被领导责罚。

最终，分数下来了。全部的员工里，只有一个人考的分数和大家的不一样，这个人由于有两道概念题没有做而被扣了分，其他人的答案却近乎完美。结果出乎大家意料之外：这个人的岗位得到了晋升。后来大家才知道那两道概念题是完全和他们的专业知识不一样的，正常情况下是无法回答正确的。大家这才恍然大悟。

作弊本身就是不对的，一个人作弊是不能被大家接受的，而如果一群人都在作弊，反而会被大家所接受。理性，才能使人看得更远，站得更高。避免盲从是我们正确做出选择的第一步。别人的做法只能是我们的一个参考而已，我们做出选择必须依靠自己的实际情况和理性的头脑，要学会去做一个有思想的人。要相信，真理是掌握在少数人手中的。

安泰效应：不妨适时依靠别人

在这个世界上，人与人之间存在着千丝万缕的联系。我们可能总是想成为独立的人，可通常独立这个概念是相对而言的，并不是那么绝对的。独立固然是走向成熟的标志，但是我们也不可能一切事情都变得独立起来，这是不可能，也是不现实的。你是学生，你就必须与老师配合起来，依靠老师教授你知识来取得进步；你是员工，你就必须和同事配合起来，依靠团结协作的精神来更快更好地完成领导交给你的任务。

如果你总是认为什么事情都自己能完成，那么你就永远忽略了别人对你的重要性，最终做任何事情都带有强烈的个人主义。对于有的事情，个人主义是能完成的，但更多的事情需要的是人与人之间相互依靠，才能共同取得进步。这就好比一滴水，无论它再怎么珍贵，离开了大海最终也会干枯。

从前乔丹是公牛队最厉害的球星，大家都称他为篮球飞人。乔丹的个人能力可谓是非常突出。在 NBA 总决赛的时候，乔丹带领公牛队拿到了赛季总冠军。人们争相赞扬乔丹，是乔丹造就了公牛队。之后，乔丹听说了这件事以后，在接受媒体采访的时候，他郑重地说："是公牛队造就了我，如果没有公牛队，也就没有我的今天，感谢所有公牛队的兄弟，是他们帮助我取得了更大的成功。"通过这件事情我们也不难看出一个人的能力毕竟是有限的，适时地依靠他人，总是能取得更大的成就。

一个聪明的人总是懂得适时依靠他人，因为他们明白个体的独立有时候也需要依靠于他人的帮助。毕竟一个人的力量是薄弱的，只有依靠他人，才有可能达到自己的目标。一天，一个小男孩被妈妈带着来到了杂货店，老板一看到这个可爱的小家伙，就十分热情。边打开一罐糖果，边告诉小男孩让他伸手拿一些。但是这个小男孩一点也没有行动，呆呆地站在那里。老板邀请了几次以后，小男孩都只是看着。老板最后亲自抓出一些糖果送给了这个小男孩，小男孩才高兴地双手接过。

回到家后，母亲问他原委，准备责备他没有礼貌。小男孩这才说出了他那样做的原因，因为他知道自己手小，而老板手大，所以老板拿的一定比他拿得多。母亲听了以后，笑了笑，发现自己的孩子什么时候这么聪明了。

事实上这个小男孩不仅知道自己的不足，而且更重要的是他知道别人比自己强。有的时候，依靠个人的力量通常是行不通的，这时候就要适时地依靠他人。在企业中也是如此，你会发现有的领导每天都亲力亲为所有的事情，怕员工做不好，怕员工做的自己不满意，最后累垮了自己。而有的领导则把很多事情都分配给不同的下属，来使工作完成的更加高效。后者当然是更聪明的做法。

王松原是一家制药公司的技术骨干，经过5年的不懈努力，他终于被提升为了部门主管。工作方面也从技术层面转向了管理方面。作为一位基层主管，部门所有的事情都落在了他的头上，王松原也因此而常常超负荷地加班，感觉压力也越来越大。其实王松原的主要问题就在于他很少去依赖别人，很多工作中的事情，他总是习惯性地自己搞定，而很少让别人帮忙。他这样做的原因或者是不信任下属的能力，怕下属完成的没有自己快。或者就是在交代给下属任务后，一旦下属稍有差错，他便自己赶紧接手完成。其实这样的做法只会把自己推到一个孤立的墙角，对于下属和自己都是一个错误的方法。

作为领导者，在某些方面肯定是要强于下属的，但是能力强不代表所有的方面都强，也不代表一个人能做完所有的事情。毕竟强是相对而言某些方面的。作为一位优秀的领导必须要学会适当授权，也就是适时地依赖员工，只有这样，才能将每个人紧密地联系在一起，更好地完成工作。

所以说，人是需要独立的，但是同时也需要依赖，这两者之间并不矛盾。依赖别人并不是懦弱的表现，反而有的时候通过适时地依赖别人，不仅能让自己有更多的时间来思考，而且也会在生活和工作上变得更加轻松。

葡萄效应：好心态非常重要

在现实生活中，一个好的心态非常重要。什么是心态呢？心态是一个人性格和态度的统称，反映着一个人的世界观、人生观和价值观；也就是说态度是一个人对客观事物的心里反应。如果我们没有一个好的心态，遇到困难的时候，总会抱怨周围的人和事情，长期的抱怨会让我们的生活变得更加糟糕。

尤其对于年轻人来说，心态更容易受到情绪的影响。他们不愿意接受所有的不公平，而对于公平的事物又大多无能为力。他们觉得世界不公平，现实很残忍，所以他们的心态很差，一遇到事情就会抱怨这个，抱怨那个，他们完全不会从自己身上找原因。在同样的社会中，别人一步步走向了成功，而自己却依旧碌碌无为，这不正是应该反思的吗？所以说，阻碍你失败的不是别人，而是你自己的心态。

史泰龙出生在美国一个不幸的家庭。他的父亲是一个赌徒，而母亲是一个酒鬼。从小生活在贫民区里的他，7 岁时父母离异，高中以后便成了一个流浪儿。他内心是极度憎恶自己的家庭和遭遇的，可是当他 20 岁的时候，他忽然想明白了，不再选择自甘堕落，一定要靠自己的双手来改变自己。于是经过深思熟虑，他选择了演员这条道路。

可是对于天生歪嘴的他，当演员无疑是非常困难的。他找到了一个守厕所的工作，然后每天白天一见到导演就推荐自己，告诉导演自己想做演员的想法，但得到的回答都是不可能的。在遭遇了八百多次的拒绝后，他的内心绝望了，想要自杀。可是每当他要自杀的时候都会突然想到：不能就这样放弃，下一次一定能成功。然后他保持着良好的心态，从写剧本开始，最终得到了一位导演的认可，也慢慢正式迈进了影视行业的大门，最终获得了成功。

正是因为他有着永不言弃的心态，才让他最终得到了自己想要的东西。好的心态带来好的心情，坏的心态带来坏的心情。一个成熟的人，要理智地面对外界环境的变化，一旦外界环境发生变化，也要从容地面对，保持一颗平和愉快的心。像史泰龙一样，即使遇到挫折坎坷，也不阴冷绝望。

我们每一个人，在生活中都不是一帆风顺的：有的事情顺心，有的事情则非常麻烦。但糟糕的事情通常会造成我们不良的心态，不仅影响了我们的工作还会影响我们的生活。如果我们想要改变自己周围的环境，首先要改变自己，调整好自己的心态。

那么如何调整心态呢?

首先，要做的就是培养自己的信心。很多时候，心态不好的那些人，往往是对自己没有足够的信心，他们会因为外界的只言片语便觉得自己这也不好，那也不好，最终心态崩溃。其实，一个有信心的人，往往心态是非常积极的，他有勇气面对所有不好的事情，最终也会很好地处理好每件事情。所以调整心态的第一步，就是要相信自己，培养自己的信心。

其次，就是要有一定的承受能力。在生活和工作中，难免会遇到各种各样的困难和挫折。当我们面对这些困难的时候，如果没有一定的承受能力，势必会让自己无法去面对困难，从而给自己造成了很大的困扰。所以，一定要培养自己承受困难的能力，做到宠辱不惊。

最后，就是要保持着积极向上的心态。在任何时候都要相信不经历风雨怎么见彩虹，只要你的心态是积极的，凭借不断的努力，就一定能走出属于自己的一条康庄大道。

命运对每个人都是公平的，当上帝为你关了一扇门的同时也会为你打开一扇窗。所以，在迷茫痛苦的时候，请不要对生活有所抱怨，毕竟抱怨解决不了任何问题。要知道绝大多数人都会有和你一样的困境，有的人甚至比你还惨。所以你要做的就是，不要被困难和挫折打败，要时刻保持着良好的心态，去面对所有的事情。心态决定一切，只要你保持着积极的心态，成功也会常伴随你左右。

鲁尼恩定律：戒除浮躁更快乐

在当今这个激烈竞争的社会里，人们的生活节奏是非常快；而强烈渴望更高的物质环境，也给我们造成了巨大的压力。尤其是在十七八岁到二十七八岁的这个年龄段，大多数人或许都处于一个浮躁的状态，他们的身上充斥着俗气和躁气，也静不下心来。所以，长期的精神压力也让他们的脸上少了许多笑容。

人们不再会像过去一样，一壶酒，几碟菜畅谈一下午了。而更多的是选择追求速度和效率，甚至不惜代价的投机取巧。最后，人心过于浮躁，越来越自我和独立，但是缺少更多的是快乐。这种快乐的缺失，只会让我们越加的浮躁。有时候也会让人与人之间的交流变得混乱不堪，甚至迷失前进的方向。

我们不妨低下头来看看自己的内心有多少妄想和思绪在纠缠不休，在不间断的纠结中，我们的内心不再平静，开始泛起阵阵波澜。对于青年人来说，刚步入职场的他们，通常在自己的领域静不下心。他们嫌自己的工作成果太慢，手头的事情没做好，就敷衍了之，投入到新的工作中去。最终不仅让自己在浮躁中碌碌无为，而且还把这种浮躁的心态传递给了同事。

其实造成一个人心态浮躁的原因是有很多方面的，首要原因就是年轻人对自己的满意度正处于递减的阶段。对于前面的路，他们不是很清楚自己想要什么，他们有着不切实际的远大理想，在这种理想的世界中，他们在痛苦，也在挣扎，但是又找不到任何解决的办法。慢慢的，他们对自己的满意度逐渐降低，变得越来越浮躁。

其次，浮躁的另外一个原因就是人们一种急于求成的心态，他们通常希望马上有确定的结果。我们能听到他们经常有这样的疑问：

“学这些东西有用吗？”其实这个貌似很合理的想法，但实际上是非常愚蠢的。要明白，每个人的心智都必然在不同程度上受一定的限制，在没有学会某一项技能之前，是很难知道学的东西有什么用途。而换个角度，等到真正判定学的东西有用的时候，却发现来不及了。所以要想避免浮躁的心态产生，就要踏踏实实地走好每一步，保持一颗平常心。

最后，浮躁的第三个原因就是外界环境所给的压力。竞争越激烈，给人们的压力越大。人们把外界的环境与自己进行比较，从而强行加给自己很多不切实际的想法。这些想法通常是凭空多出来的，和自己的本身目标并不符合。于是很多人越不满足自身的现实，又摆脱不了现状，最终迷失了方向。

三伏天，禅院的草地枯黄了很大的一片。师傅让徒弟去尽快撒些草籽，徒弟以天热为由，要求天凉了再去撒。等到中秋的时候，师傅又买了一包草籽让徒弟再去撒一些。结果徒弟喊道：“秋天的风很大，撒下来都被风吹走了。”师傅告诉他：“吹去的大部分都是空的，即使落到地上也不会发芽。”小和尚半信半疑地把草籽撒完了，结果看到几只小鸟飞来啄食，急忙跑去告诉师傅，却才知道，师傅买了很多草籽，小鸟是吃不完的。等到半夜的时候，大雨又冲走了不少草籽，师傅又告诉他：“冲到哪里就在哪里发芽，也没有什么不好啊。”

徒弟浮躁的心态让他常常看不清楚事物的本质，而对于师傅来说，看似随意，其实是洞察了世间玄机后的豁然开朗。浮躁只会让人离成功越来越远，所以要学会克服浮躁的心理，首先就要把心静下来，宁静才能致远。只有心静下来，才能坐得住，才能聚精会神地学习和工作。只有这样，我们才能认真地做好手上的每一件事情，并获得成功。

今天的人们，普遍活得很累，处在浮躁的社会中，心是很难静下来的。一旦心态不好，浮躁的情绪就会袭击而来。戒除浮躁是我们每一个人都需要做的。所以无论是个人，还是集体或者是国家，只有戒除浮躁，才能走得更远。